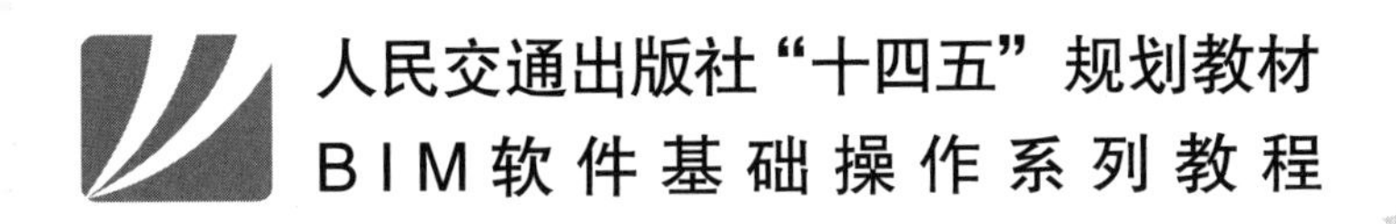

Revit Tujian Jianmo
Jichu Caozuo Jiaocheng

Revit土建建模基础操作教程

刘波洲 主 编
田曼丽 先维莉 副主编

内 容 提 要

本书以培养学生掌握数字化时代新型建筑职业技能为目标，以房屋建筑项目为依托，讲解建筑信息模型（BIM）创建过程，主要内容包括 BIM 基础知识、房屋结构模型创建、房屋建筑模型创建、族创建及软件基本设置等。全书结构清晰，内容简明，技能适用，操作性强。

本书可作为高职院校建筑工程技术、建设工程管理等土建类专业的教学用书，也可作为建筑信息模型技术从业者的入门培训教程。

图书在版编目（CIP）数据

Revit 土建建模基础操作教程 / 刘波洲主编. — 北京：人民交通出版社股份有限公司，2021.1

ISBN 978-7-114-15117-0

Ⅰ.①R… Ⅱ.①刘… Ⅲ.①土木工程—建筑设计—计算机辅助设计—应用软件 Ⅳ.①TU201.4

中国版本图书馆 CIP 数据核字（2018）第 243147 号

书　　名：**Revit 土建建模基础操作教程**
著 作 者：刘波洲
责任编辑：李　坤
责任校对：孙国靖　魏佳宁
责任印制：张　凯
出版发行：人民交通出版社股份有限公司
地　　址：（100011）北京市朝阳区安定门外外馆斜街 3 号
网　　址：http://www.ccpcl.com.cn
销售电话：（010）59757973
总 经 销：人民交通出版社股份有限公司发行部
经　　销：各地新华书店
印　　刷：北京市密东印刷有限公司
开　　本：720×960　1/16
印　　张：7.75
字　　数：140 千
版　　次：2021 年 1 月　第 1 版
印　　次：2021 年 1 月　第 1 次印刷
书　　号：ISBN 978-7-114-15117-0
定　　价：26.00 元
（有印刷、装订质量问题的图书，由本公司负责调换）

前　言

Foreword

建筑信息模型(BIM)技术是近年来在国内普及度较高的一项用于建设工程项目的新型数字化技术,本书基于Revit软件介绍BIM土建建模的基本操作。本书具有以下几个特点:根据建筑工程技术、建设工程管理及相关专业的培养目标和教学标准,结合高职院校教育特色进行编写;以职业能力为本位,以产教融合为切入点,以实际房屋建筑工程项目为依托,结构清晰,内容简明;摒弃单一的软件学习目的,将软件的主要功能体现在项目模型创建过程中,以任务为驱动,培养学生在学习中掌握工程实践所需技能;把握工程建设行业对建筑信息人才的需求,纳入最新的国家和地区规范条文。

全书以实际工程项目为依托,将建筑信息模型的创建贯穿始终,简单易学。全书内容共分5章:第1章主要介绍BIM技术基础知识、BIM模型创建软件Revit 2016的基本功能和特点;第2章主要介绍结构专业模型创建过程中,标高、轴网、基础、柱、梁、板、楼梯的创建方法及注意事项;第3章主要介绍建筑专业模型创建过程中,墙体、门、窗、楼板、散水、台阶、坡道、护栏的创建方法及注意事项;第4章主要介绍Revit族的概念和使用,使用拉伸、旋转、融合、放样、融合放样等方法创建族以及参数化建族的方法和注意事项;第5章主要介绍Revit软件的一些基本设置,包含文件格式的选择、视图属性的设置、快捷键的设置等。

本书由重庆交通职业学院刘波洲担任主编并完成统稿和校核,重庆交通职业学院田曼丽、广联达科技股份有限公司重庆分公司先维莉参与编写。具体分工如下:第1章由刘波洲和田曼丽编写;第2章由刘波洲和先维莉编写;第3章由刘波洲编写;第4章由刘波洲和田曼丽编写;第5章由刘波洲和先维莉编写。

本书编写过程中得到重庆交通职业学院领导和同事的支持,得到同行的帮助,同时参考了相关教材、专著和资料,在此对领导、同事、同行及相关作者一并表示感谢。

限于作者水平和编写时间,书中不足之处在所难免,敬请读者批评指正。

编　者

2020 年 6 月

目　　录
Contents

第1章　BIM基础知识

1.1　什么是BIM

1.1.1　BIM的定义

建筑信息模型(Building Information Modeling,简称BIM),国家标准《建筑信息模型应用统一标准》(GB/T 51212—2016)给出的定义为:在建设工程及设施全生命周期内,对其物理和功能特性进行数字化表达,并依此设计、施工、运营的过程和结果的总称。工程实践中,通常应用三维、实时、动态的模型软件来模拟设计、施工、运营状态,创建的建筑信息模型涵盖了建设项目的几何信息、空间信息、地理信息、各种建筑组件的性质和工料信息,不同的项目参与者可从中提取所需信息用于决策或改善业务流程。

关于BIM的理解,可以从两个方面着手:理论与技能。

BIM理论讨论的是建筑信息模型这一过程的基本原理以及应用方法,不仅包含了运用BIM技术所需要的各类专业知识和管理方法,还有实践者在长期应用BIM技术过程中所总结传承下来的经验和方法。BIM是一个使用某种手段达到某种目的的过程,故而需要在把握BIM技术实质的前提下,在不断应用的过程中,积极总结出个人的系统方法。

BIM技能讨论的是在建筑及设施的全生命周期中使用BIM技术所需要的技能和手段。当前的BIM行业中,这种手段主要包含两大类,第一类是BIM系列软件,第二类为BIM平台。

BIM系列软件,由一系列可以进行数据交互的软件组成。这些软件各自独立,且具有不同的功能,通过数据交互,最终完成模型创建及信息组合,从而达到使用BIM技术指导项目的目的。此时,BIM技术是指对这一系列软件进行熟练操作运用的能力。由于各个软件可以独立使用,因此用户可以根据各自项目的需要选择不同的软件进行工作。但是,由于缺乏相应的规范标准,各软件的数据在交互过程中的兼容性问题异常突出,极易发生数据丢失,从而造成工作的低效率和结果的不准确。同时,由于软件种类繁多,操作方法有差异,软件费用昂贵,人才培养消耗大量的人力和物力,因此,在很大程度上限制了 BIM 技术的发展。

BIM 平台,是指综合了一系列具有 BIM 功能的软件,可以通过协同工作来完成 BIM 过程的应用平台。在 BIM 平台工作,各个 BIM 过程数据可以达到无缝连接,因为整个数据是在一个平台中进行操作,没有数据交互的过程,从而可以更加从容自由地发挥设计者的自主想象力来完成 BIM 数据的搭建(创建模型、模拟施工、制作动画等)。然而 BIM 平台由于其结构的统一性,导致开发成本高、入门门槛高,在一定程度上限制其使用推广。

1.1.2　BIM 的发展现状

BIM 技术是在 1975 年由“BIM 之父”佐治亚理工大学的 Chunk Eastman 教授提出,而后芬兰、挪威和新加坡等国家对 BIM 技术进行主推,美国、加拿大、英国等欧美发达国家将其不断完善,日本、韩国等亚洲发达国家逐步应用推广。随着理论的研究、技术的发展、政策的推进,全球工程行业人士普遍认识到 BIM 技术将成为建筑行业的革命性力量,并将其不断完善和推广。

随着我国城镇化进程的加快,国内建筑业高速发展,BIM 技术在我国建筑业的快速推广与广泛应用已成为必然。2003 年,建设部(现住房和城乡建设部)将 BIM 技术写入“十五”科技攻关项目建议书中。2011 年 5 月 20 日,住房和城乡建设部在发布的《2011—2015 年建筑业信息化发展纲要》中第一次将 BIM 纳入信息化标准建设。2015 年 6 月 16 日,住房和城乡建设部发布《关于推进建筑信息模型应用的指导意见》,要求“到 2020 年末,建筑行业甲级勘察、设计单位以及特级、一级房屋建筑工程施工企业应掌握并实现 BIM 与企业管理系统和其他信息技术的一体化集成应用”。2016 年 8 月 23 日,住房和城乡建设部再次发布《2016—2020 年建筑业信息化发展纲要》,BIM 成为“十三五”建筑业重点推广的五大信息技术之首。2016 年 12 月 2 日,住房和城乡建设部发布《建筑信息模型应用统一标准》(GB/T 51212—2016),自 2017 年 7 月 1 日起实施。

全国各地也出台相应的 BIM 应用指导意见。2014 年 10 月 29 日,上海市政府发布《关于本市推进建筑信息模型技术应用的指导意见》要求,从 2017 年起,上海市投资额 1 亿元以上或单体建筑面积 2 万 m^2 以上的政府投资工程、大型公共建筑、市重大工程,申报绿色建筑、国家级和市级优秀勘察设计、施工等奖项的工程,实现设计、施工、运营维护阶段全面应用 BIM 技术。北京、山东、陕西、广东等地也相继推出 BIM 技术应用推广政策与标准。BIM 技术正在引发建筑行业一次巨大变革。

根据透明度市场研究（Transparency Market Research，简称TMR）的报告《2015—2022年BIM全球市场分析，规模，信息，增长，趋势以及预测》，2014年全球BIM软件市场价值27.6亿美元，到2022年，将达到115.4亿美元，复合年均增长率保持在19.1%。同时，TMR指出，2014—2022年亚太地区的复合年均增长率将达到21.2%，中国、日本、印度等国家的施工工程量的增长将为BIM带来巨大的市场前景。可以预见，随着BIM技术的成熟，BIM软件具有更广阔的市场空间。根据Dodge Data & Analytics机构2015年发布的《中国BIM应用价值研究报告》，基于2014年350家BIM相关企业的调研结果显示：逾半数（52%）施工企业预测，未来两年内将在30%以上的项目中应用BIM。考虑到调研基数中多是已经应用了BIM技术的企业，保守估计2022年全国所有新开工项目的BIM应用率为15%。根据《2016年上海市建筑信息模型技术应用与发展报告》，30.6%的项目BIM技术应用费用投入超过项目总投资的0.5%，保守估计2022年的BIM技术应用费用（包括软件使用与咨询费用）平均投入在0.5%左右。国家统计局的数据显示，2016年我国新开工项目计划总投资为49万亿元，即使未来五年新开工项目计划总投资不变，则2022年中国BIM市场规模将达367.5亿元。

BIM技术是创建并利用信息化模型对建设项目进行设计、建造和运营全过程进行管理、优化的方法与工具。目前BIM技术主要有三大应用：一是在设计阶段，实现三维集成协同设计，提高设计质量与效率，并可进行虚拟施工和碰撞检测，为顺利高效施工提供有力支撑；二是在施工阶段，依托三维图像准确提供各个部位的施工进度及各构件要素的成本信息，实现整个施工过程的可视化控制与管理，有效控制成本、降低风险；三是在运营阶段，依托建筑项目协调一致的、可计算的信息，对整体工作环境的运行和全部设施的维护，及时快速有效地实现运营、维护与管理。据统计，2007年美国建筑工程领域28%的项目使用BIM技术，到2012年71%的项目使用BIM技术，2014年53%的施工企业有高级或专家级的BIM水平，专业分包公司的BIM技术水平不一，三分之一的公司要求使用BIM技术，半数的公司鼓励使用BIM技术。现阶段我国对BIM技术的应用大多仍停留在设计阶段，BIM技术在施工及运营阶段的应用有广阔的前景。随着国家与地方政府的大力推广，BIM技术的应用必将引发建筑业以及工程造价管理的新变革。

BIM软件是整个BIM技术应用的核心与根基，国内BIM软件市场上，以欧特克（Autodesk）、达索系统（Dassault Systems）、图软（Graphisoft）、特克拉（Tekla）为代表的国外软件厂商依然在设计BIM软件领域占据绝对优势。但近几年国内 BIM 软件厂商由建造、施工 BIM 软件向协同协作端软件发力，不断将触角伸向产业链上下游，通过本地化产品和配套的技术服务支撑，取得了相当好的成绩。因 BIM 软件研发需要大量的资金投入，目前国内比较知名的 BIM 研发企业主要有鲁班、广联达、鸿业、品茗等实力较强的软件厂商。

现在国内高校也比较重视 BIM 的研究和拓展，部分高校开设了完整的 BIM 课程，如清华大学在计算机应用课程中专门开设了 BIM 课程，教师根据技术发展的状况，随时加入一些新的技术；深圳大学土木与交通工程学院与清华斯维尔公司建立了长期合作关系，斯维尔在公司内部设立了学生实习基地；2012 年，华中科技大学土木工程与力学学院与广州优比建筑咨询有限公司合作，率先开设国内首个 BIM 方向工程硕士课程，培养 BIM 综合管理人才。以“土建技能型人才”为培养目标的部分高职院校在 BIM 技术变革中，也正在积极开展 BIM 教育，如四川建筑职业技术学院、广西建设职业技术学院、山东城市建设职业学院等已经开设或正在进行建设项目信息化管理专业的申报。还有一部分高职院校，如黑龙江建筑职业技术学院、江苏建筑职业技术学院、重庆交通职业学院等积极采取行动，与国内知名 BIM 技术公司开展校企合作，也在现有专业课程中增设 BIM 相关的课程。

1.1.3 BIM 岗位现状

基于当前的 BIM 发展状况，建筑市场对于 BIM 人员的需求主要有以下岗位类别：BIM 经理、BIM 协调员（又称 BIM 工程师）、BIM 建模员以及其他 BIM 岗位（如 BIM 标准管理员、BIM 数据维护员、BIM 技术支持人员、BIM 系统管理员等），围绕 BIM 技术的应用、管理、协调、开发等开展工作。

（1）BIM 建模员。在所有的岗位中，BIM 建模员属于 BIM 技术应用最初级的岗位。BIM 建模员主要从事翻模工作，将已有的建筑结构图转换成为 BIM 技术最初层次应用的数据——三维模型。在模型的创建过程中，可以通过一些构件类型创建的积累，逐步形成一个有用的构件库，为后续的工作提供素材。

（2）BIM 技术工程师。BIM 技术工程师也称为 BIM 工程师。此类人员拥有较为丰富的工作经验，软件操作技术一流，且对 BIM 技术一系列软件均有较为深刻的认识，有较为丰富的专业知识，在 BIM 团队中处于骨干地位。该类人才专注于前沿技术，能推动 BIM 技术的发展，在行业中也处于核心地带。

（3）BIM 专业工程师。BIM 专业工程师不仅是一名资深的 BIM 技术大师，同时也具有丰富的专业知识背景和工作经验，在 BIM 团队中拥有带领团队的能力，甚至在一定程度上可以影响 BIM 技术的行业推广。

(4)BIM项目经理。BIM项目经理这个岗位,其主要能力偏重于管理,与工程类项目经理岗位相当,但其对BIM技术有较为前沿和深刻的认识,但不一定对技术有很深的操作能力。通常负责项目切分,各类规范、建模原则及协同工作模式的确定及协调,是BIM团队中各队员之间沟通的桥梁。

对于BIM岗位,在当前的行业背景和BIM发展状况下,其实无法精准地对其进行区分和定义。随着行业的不断发展和BIM技术的不断深化推广,BIM行业的从业者要能够得心应手地完成自己的工作,找到属于自己的位置和价值。

1.1.4 如何学习BIM

随着BIM技术的发展和推广,其应用将会越来越广泛。从某种意义上来说,BIM技术是建筑业发展史上的又一次技术革命,犹如当年设计从手工绘图转入计算机绘图一般。BIM技术的学习,对于建筑行业的从业者而言,是一个不可避免的趋势,谁能提前掌握BIM技术的应用,谁就能在未来的建筑业中占据一席之地。

对于一名想掌握BIM技术的学习者来说,学习BIM是一个漫长的过程,不可能一蹴而就。要想真正掌握一整套完整的BIM技术,对于个人而言,几乎不可能实现。也因此,BIM技术是一种团队型的技能。在学习BIM技术过程中,需要采用正确的方法,循序渐进有耐心地进行,根据需要着重研究相关内容。

BIM技术的学习,从宏观上讲,主要分为两个方面:BIM理论学习和BIM技能学习。

BIM理论学习主要包括BIM系统的相关理论,以及建筑行业各个专业的理论知识(结构、建筑、机电等)。BIM理论的学习,对于个人而言,最好的学习方式是专一通全。例如,从业者可以在精通结构专业的同时对于建筑、机电等专业有所了解。这样在完成BIM项目的同时,可以与团队协同工作。

BIM技能学习主要是指技术层面的学习,其主要内容就是各类软件的操作。同理,BIM从业者需要采用专一通全的学习方式。例如,采用广联达系列软件,从业者可以在精通BIM 5D的同时,初步掌握广联达系列其他软件的基本操作原理,但不必精通所有的软件。

本书采用项目制,通过真实的案例,介绍具有代表性的Revit建模技术的学习方法。

1.2 Revit 简介

1.2.1 Revit 作用

Revit 是 Autodesk 公司研发生产的一款建筑信息模型构建软件。它集合建筑、结构、机电等各专业模型设计和构建于一体,能够帮助设计师更为高效地对建筑进行规划和设计,是目前我国建筑业 BIM 体系中使用最为广泛的建筑信息模型创建软件之一。

Revit 的主要功能在于提供含有信息的构件模型的创立。通过 Revit 创建的模型,不仅具有三维可视化的效果,而且所有模型及构件均附带其对应的属性信息,可以为后续的工程应用提供几乎所有想要查找的构件信息(图 1-1)。

<结构柱明细表>

A	B	C	D	E
族与类型	底部标高	结构材质	体积	合计
混凝土 - 矩形 -	JCD -0.500	混凝土,现场	0.02 m^3	4
混凝土 - 矩形 -	JCD -0.500	混凝土,现场	3.41 m^3	1
混凝土 - 矩形 -	JCD -0.500	混凝土,现场	3.42 m^3	1
	JCD -0.500	混凝土,现场	3.74 m^3	15
混凝土 - 矩形 -	JCD -0.500	混凝土,现场	3.77 m^3	2
混凝土 - 矩形 -	JCD -0.500	混凝土,现场	3.85 m^3	1
	JCD -0.500	混凝土,现场	4.25 m^3	11
	JCD -0.500	混凝土,现场	4.26 m^3	4
混凝土 - 矩形 -	JCD -0.500	混凝土,现场	4.29 m^3	1
混凝土 - 矩形 -	JCD -0.500	混凝土,现场	4.33 m^3	14
混凝土 - 矩形 -	JCD -0.500	混凝土,现场	4.36 m^3	1
总计: 55				

图 1-1　构件信息

同时,Revit 在 BIM 系列技术中处于上游工作阶段。使用 Revit 创建模型,然后通过各个软件之间的数据交互,将模型信息导入到后续软件中进行工作(如进行工程量的计算,进行施工过程和进度的模拟等),从而实现“一模多用”的 BIM 技术基础要求,简化工程项目的工作流程,提升工作效率。

1.2.2 Revit 操作特点

Autodesk 公司的软件,在使用过程中,均有一系列大家所熟知的特点,Revit 也不例外。

1)样板文件

在采用 Revit 进行模型创建时,软件提供了针对不同项目的样板文件,以及

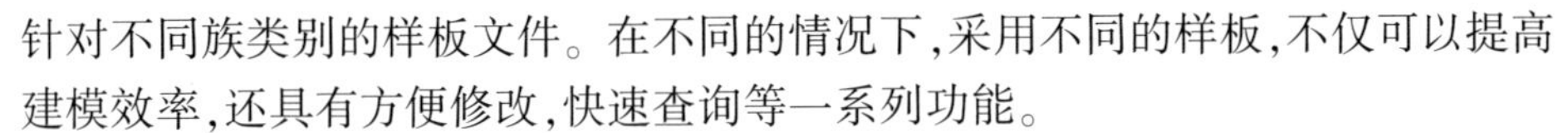

针对不同族类别的样板文件。在不同的情况下，采用不同的样板，不仅可以提高建模效率，还具有方便修改，快速查询等一系列功能。

2）命令操作

Revit 的命令操作功能在 AutoCAD 的基础上，加入了自己的特色，如取消命令输入的确定过程，只需要在操作过程中输入命令的字符，命令即可开始执行。同时，对于所有的命令也可以进行自定义快捷键，如图 1-2 所示。

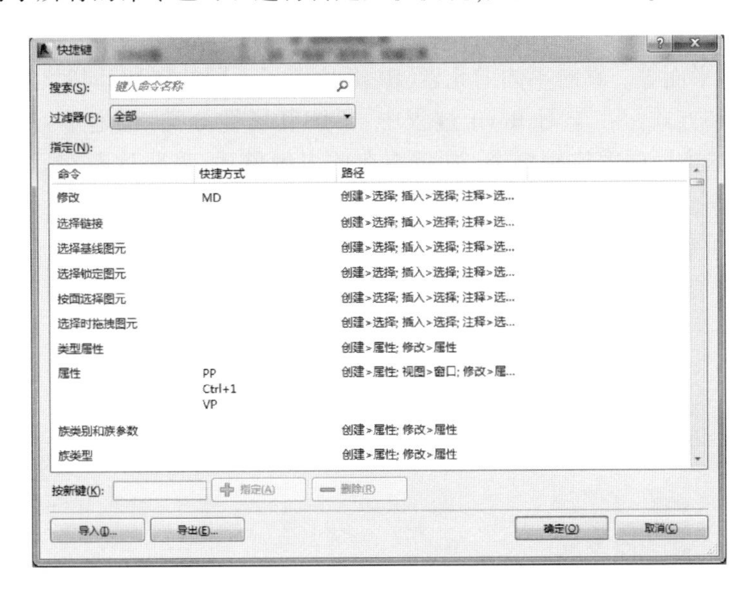

图 1-2　快捷键

但是 Revit 命令操作有一定的局限性。首先，Revit 软件本身包含内容太多，操作量大，记忆有困难；其次，由于命令太多，常常需要采用组合键，有一些组合键在键盘上的位置并不协调，导致操作并不比选择相应图标更快。图 1-3 中的“复制”命令，即需要“C”和“O”这两个并不很方便的组合键进行操作。

图 1-3　“复制”命令组合字符

而对于一些常用命令，比如复制、删除、隐藏等，采用自定义的快捷命令依旧能够大大提高建模速度。

3）构件属性

对于一款具有构件信息的模型来说，“构件属性”这个选项是非常必要的。此选项可以使操作者在创建模型过程中，对待创建的构件进行查询、定义、修改、归类，也方便在后期对构件进行上述操作。

在 Revit 中，几乎所有的软件内容都有构件属性。如柱、梁、平面视图、三维视图、参照平面等。针对不同的元素，Revit 内置了不同的属性，同时也限定了编辑的权限和方式。在学习 Revit 过程中，了解其属性分类，也是学习的一大重点。由于这方面内容比较繁杂，故而不在此多做赘述，需要读者在后续的学习中，处处留心，逐渐积累。

各种元素在 Revit 中的属性对话框如图 1-4 ~ 图 1-7 所示。

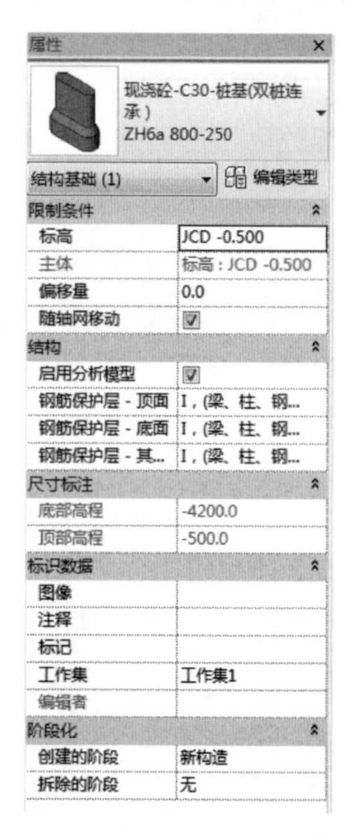

图 1-4　桩基础构件属性栏①

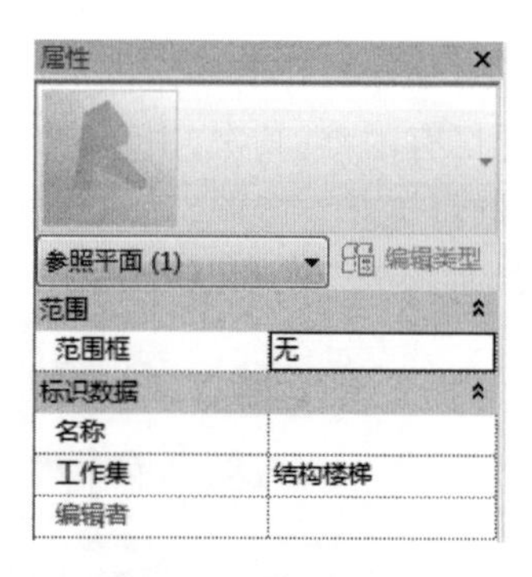

图 1-5　参照平面属性栏

①软件界面中的“砼”，标准名称为“混凝土”。此处统一说明。

图1-6　结构平面属性栏

图1-7　三维视图属性栏

4）区分系统

对于不同专业进行系统区分是 Revit 的一大亮点。在 Revit 中，根据专业的不同和各专业的需要，将 Revit 的显示内容区分为“建筑、结构、机械、电气、卫浴”等多个系统。在精确创建模型过程中，构件的选择需要在对应的系统中去选择对应的构件，从而创建出的构件才“是”这个构件，而非“像”这个构件。例如,在创建楼板时,选择结构的楼板和建筑的楼板,其外观并没有什么区别,但在系统的认定中,会对这个楼板进行区分,从而在一定程度上影响到结果的统计。

5)族块建模

Revit 软件本身具有一些自定义的常规构件,这些构件都是以族的形式出现,而很多构件族本身已经定性分类,甚至部分族无法进行修改。在模型创建过程中,避免不了会出现一些比较特殊的构件(如异形的桌椅等),为了完成这些特殊构件模型的创建,Revit 提供了族的创建方式。族有普通族和体量族两种。所有的族,操作者均可以根据自己的需求来进行创建。在创建过程中,还可以对族进行类别和类型的定义。族的存在,是 Revit 能够被广泛采用的重要原因。可以说,如果没有 Revit 族,Revit 也就不会有今天的使用量。族的内容较为复杂,本书只在第 4 章做了简单介绍。图 1-8 所示为不同类别族所需样板文件。

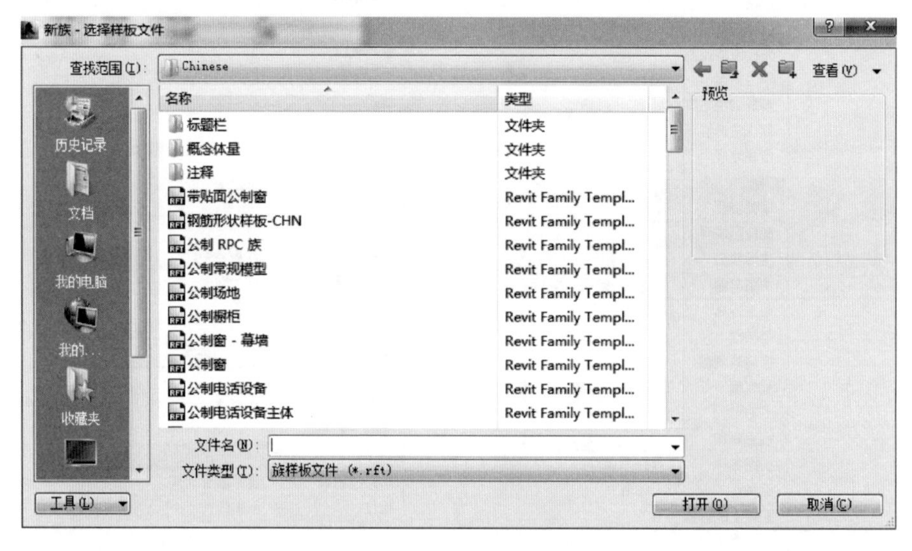

图 1-8　族样板

第 2 章　结构模型的创建

从本章开始，通过一个完整的学生宿舍房屋建筑模型创建过程，使读者对 Revit 2016 这款软件有一定的了解，掌握基本的结构和建筑模型创建，Revit 族的基本应用方法，Revit 2016 的一些基本设置，从而为在实际项目中熟练使用 Revit 打好基础。

本章主要讲解使用 Revit 2016 创建结构模型。

在学习本章之前，读者需要掌握基本的建筑结构知识和平法识图知识。

2.1　建立标高与轴网

初学者在学习 BIM 模型创建之前，要形成定位的基本概念。BIM 模型创建过程中，标高和轴网是控制房屋建筑模型竖向（Z）和水平方向（X、Y）定位的基本手段。在模型创建之前，应该首先完成标高和轴网的创建。

具体操作时，应首先创建标高，随后创建轴网。

2.1.1　创建标高

首先点击系统桌面上的软件图标（图 2-1），打开软件。在开始界面，“项目”选项下，单击选择“结构样板”（图 2-2），进入到绘图界面（图 2-3），依次点击“项目浏览器→视图→立面→东”，进入东立面视图（图 2-4 和图 2-5）。

图 2-1　Revit 2016 桌面图标

拓展：

(1)绘图主界面中，主菜单栏，“附加模板”之后的菜单为后期安装的 Revit 插件菜单，不是 Revit 自带功能。

(2)Revit 绘图界面的背景颜色可以根据需求自己设定，其设置路径是：在软件左上角依次选择“文件→选项→图形→颜色→背景”。

(3)绘图主界面中如果没有“项目浏览器”选项卡，可以依次点取主菜单栏“视图→窗口→用户界面”，勾选上“项目浏览器”。“属性”选项卡调取方式相同。“项目浏览器”和“属性”选项卡是 Revit 模型创建过程中使用最多的两项功能。调取以后，可使其嵌入画布中，以免影响操作视角。

(4)新建项目以后，应保存。绘制过程中，要养成随时保存的习惯，以免由于软件崩溃或者设备故障等原因引起数据丢失。

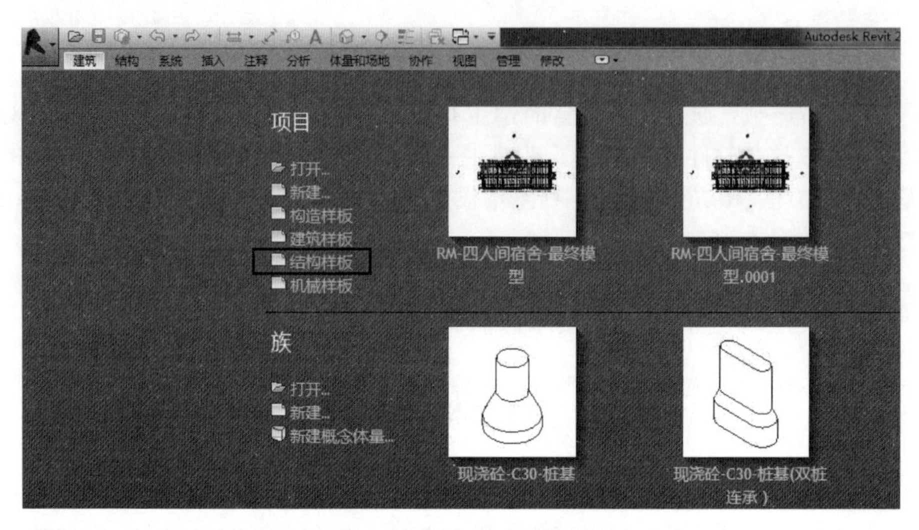

图 2-2　Revit 2016 开始界面

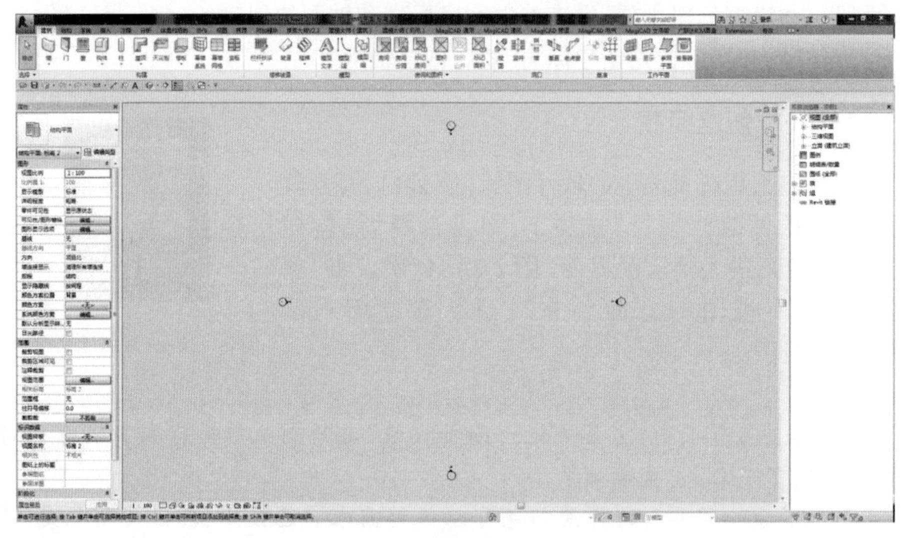

图 2-3　项目平面视图

进入东立面视图以后，单击选中“标高 1”所在的标高实线，勾选上实线左端的空白框(图 2-6)。

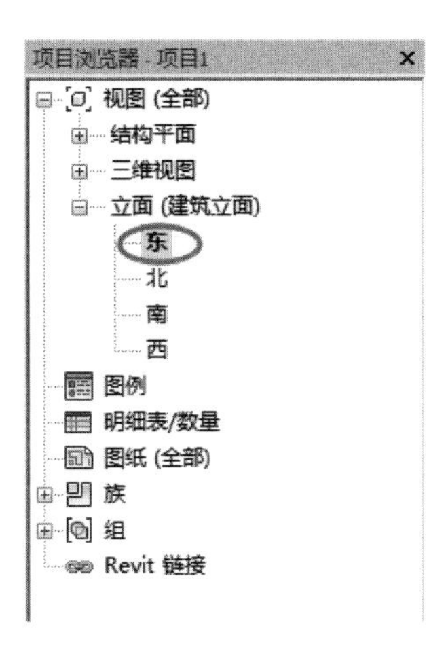

图 2-4　视图页面

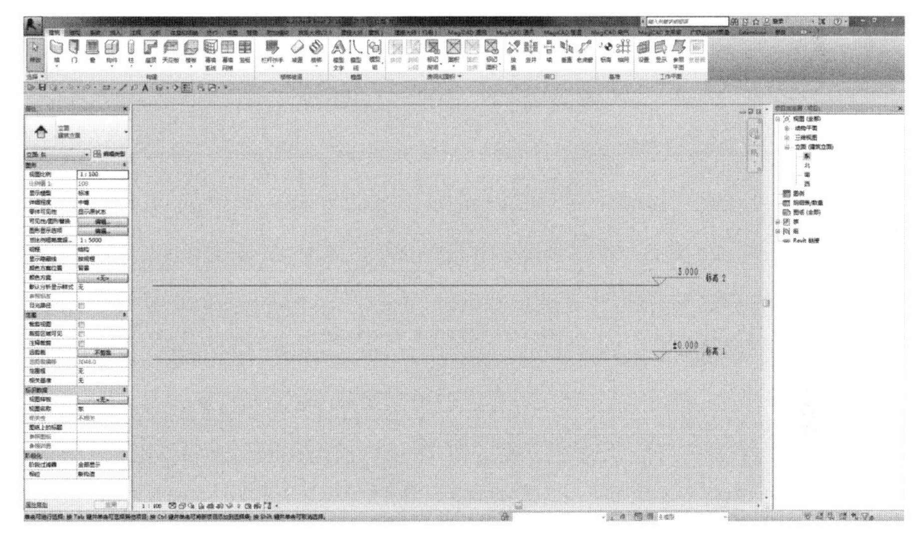

图 2-5　东立面视图

双击“标高 1”文字,将标高名称“标高 1”修改为“1F”,然后在空白区域单击鼠标左键,此时弹出对话框“是否希望重命名相应视图”,点击“是”。双击“标高 2”文字,将“标高 2”修改为“2F”。同时,双击“2F”标高处的数字,将标高数值改为“3.600”。操作过程如图 2-7 ~ 图 2-10 所示。此时完成了首层标高和二层标高的创建。

然后创建其他楼层标高。

依次点击主菜单“结构→基准→标高”,进入标高绘制状态,如图 2-11 所示。

此时，在绘图区域内“2F”的起点上方区域任意单击选取一点作为新建标高的起点，在“2F”的终点上方区域任意单击选取一点作为新建标高的终点，按两下键盘左上角的“Esc”键，退出标高绘制命令。

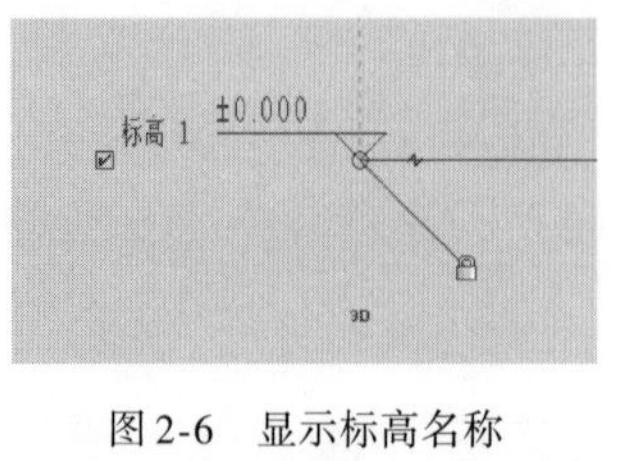

图 2-6　显示标高名称

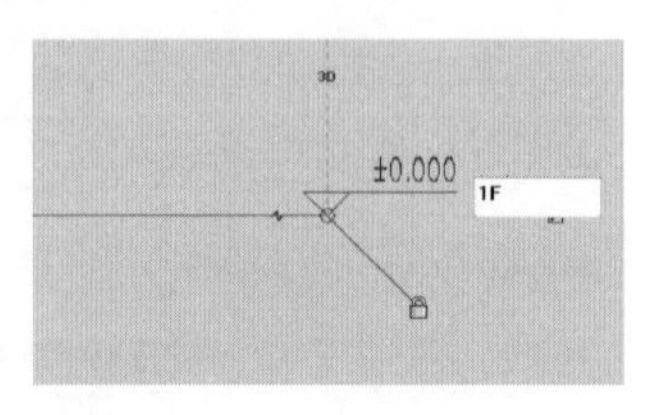

图 2-7　更改标高名称

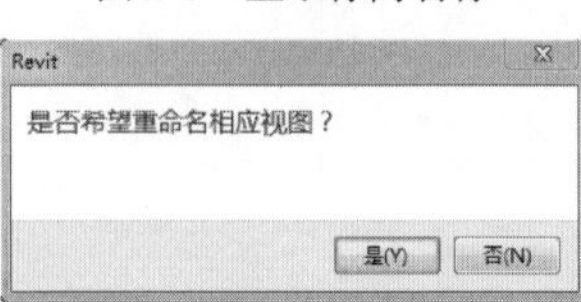

图 2-8　确认视图

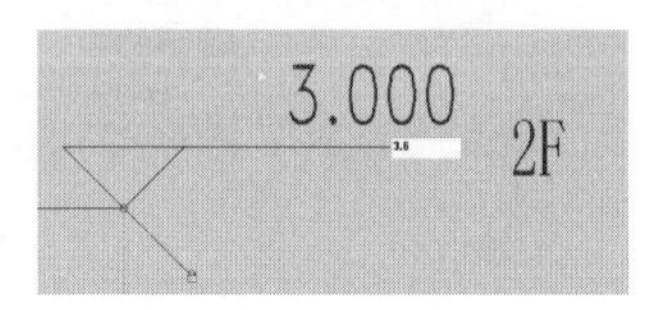

图 2-9　更改标高数值

图 2-10　标高视图

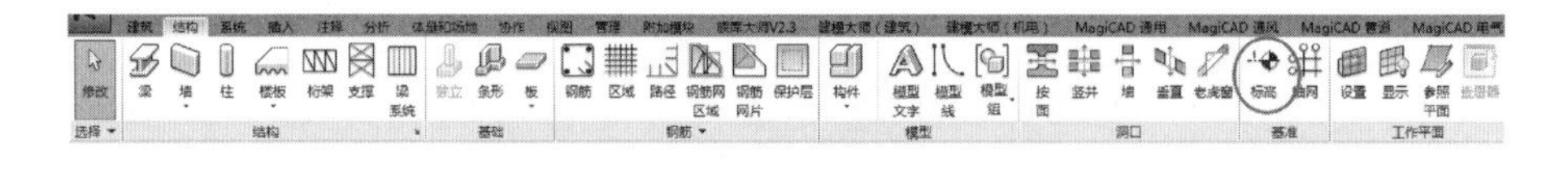

图 2-11　标高命令

单击选中新建的标高实线，将实线左端的空白框勾选上，双击“2G”文字，将“2G”修改为“3F”。此处“2G”为新创建标高的名称，读者可根据自己创建的标高实际名称确定。双击“3F”标高的数字，将标高数据改为“7. 200”，如图 2-12 所示。

重复上述的方法，按照图 2-13 所示的标高数据绘制整栋建筑的结构标高，绘制结果如图 2-14 所示。

图2-12　标高创建

图2-13　标高数据

拓展：

(1)新创建的标高，理论上说，只要标高名与标高数值正确，上下标高起点与终点是否对齐并不影响模型精确度。为方便后期模型修改以及美观考虑，建议将其对齐创建。

(2)标高名称应根据具体项目模型创建规范制定。目前，国内许多地方均出版有建筑信息模型设计相关标准，对BIM模型文件及对象命名有相应的规定，如重庆市《建筑工程信息模型设计标准》(DBJ50/T-280—2018)第六章规定："命名的总体原则主要应体现简洁明晰和与现行规范或行业统称相适应的原则，对象的命名应避免冗余字段，并以体现主要信息字段为宜"。本书采用的命名方式仅为方便读者识读与操作。

(3)"标高1"为±0.000标高，与其他标高样式不同，对其样式进行修改需要单独进行。

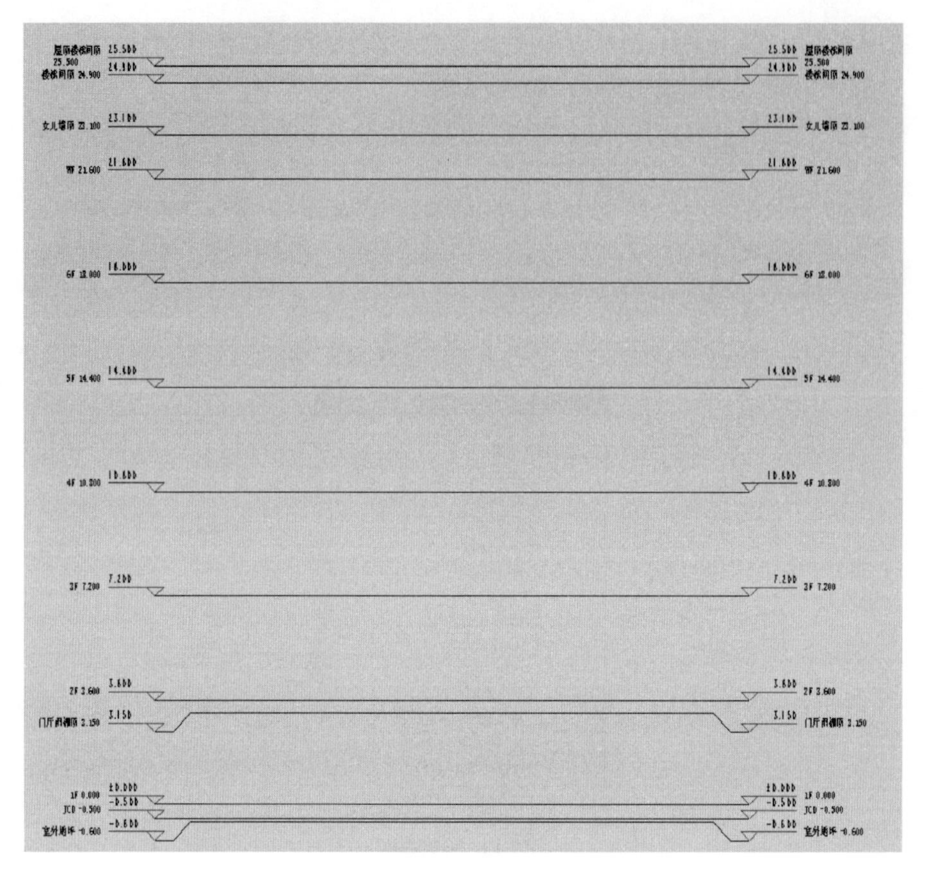

图 2-14　结构标高

(4)新建标高也可以在“2F”的基础上采用“复制”命令创建，如图 2-15 所示。具体操作如下：

鼠标左键点击选中“2F”实线，在弹出的上下文选项卡中依次选取“修改→标高→修改→复制”，在绘图区域空白处鼠标左键沿上下方向先后点取一点，然后按照前述的方式修改标高名称和标高数值。重复上述过程绘制剩余标高。

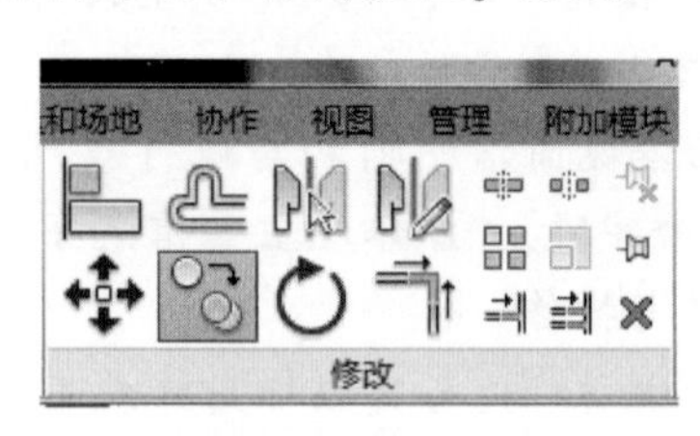

图 2-15　“复制”命令

(5)采用复制方式创建的标高,不会出现图2-8所示的提示。因此,在标高绘制结束后,标高不会自动出现在"项目浏览器"的结构平面菜单中,此时需要将采用复制创建的标高视图调取出来。

可以依次点击"视图→创建→平面视图→结构平面",按住"shift"键或"ctrl"键,选中对话框中需要调取的视图名称,点击"确定"即可,如图2-16和图2-17所示。

图2-16　调取结构标高(一)

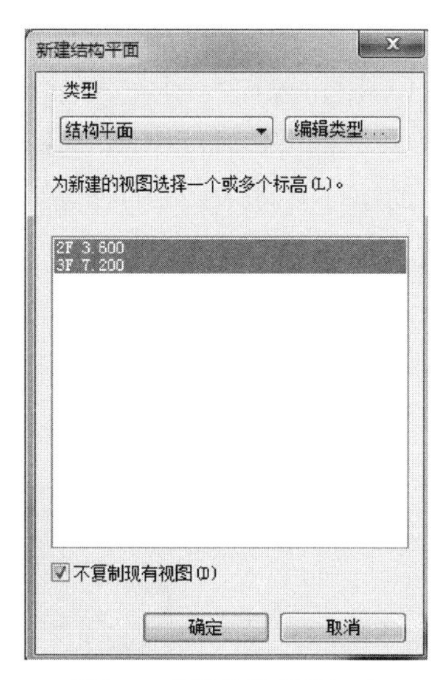

图2-17　调取结构标高(二)

如果因为其他原因有部分标高视图名称没有出现在结构视图中,也可以采用此方法调取标高视图。

思考:

(1)创建的两个相邻标高名称字段重叠时该如何处理?

(2)创建模型时要创建哪些标高?该如何选取?

2.1.2 创建轴网

标高创建完成后,再进行轴网创建。

轴网是用以控制结构构件在水平方向定位的参照线。一般情况下,轴网可分为横向(Y)和纵向(X)两个方向。绘制过程中,应保证同一方向创建结束后,再进行下一个方向的创建。

首先进行横向(X)轴网创建。横向轴网编号一般采用罗马数字从左往右进行。

点击"项目浏览器"中的"视图→结构平面",鼠标左键双击"1F 0.000"标高,进入首层平面视图,如图 2-18 所示。

依次点击"结构→基准→轴网",在绘图区域先单击鼠标左键选取一点,然后按住"shift"键,将鼠标向下移动一段距离,再选取一点,然后松开"shift"键,此时绘制了一条竖向轴线,编号自动为①。然后按两次"Esc"键,退出轴网绘制状态。此时的轴线只有一端有轴号,且有可能出现轴线中间段没有线段的情况。可按照下述进行操作修改:

鼠标左键点击轴网线条,选中①号轴线,单击"属性"栏(如果没有"属性"栏,可以依次点击"视图→窗口→用户界面",勾选上"属性"即可)中的"编辑类型"(图 2-19),弹出"类型属性"对话框,将"轴线中段"选择为"连续"状态,将"平面视图轴号端点 1(默认)"右边的框打上勾(图 2-20),然后点击"确定"即可。

图 2-18 进入平面视图

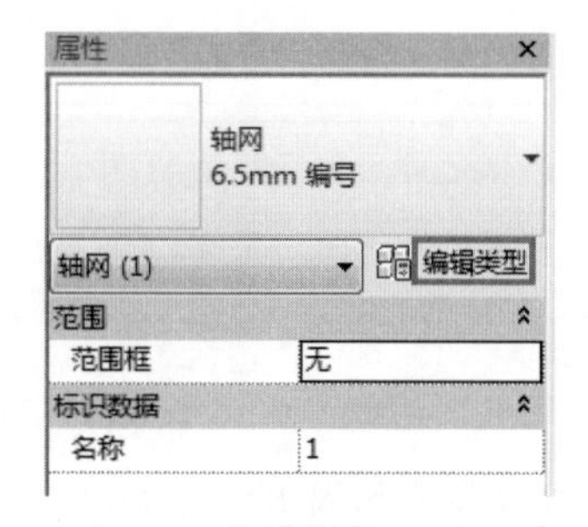

图 2-19 编辑轴线类型(一)

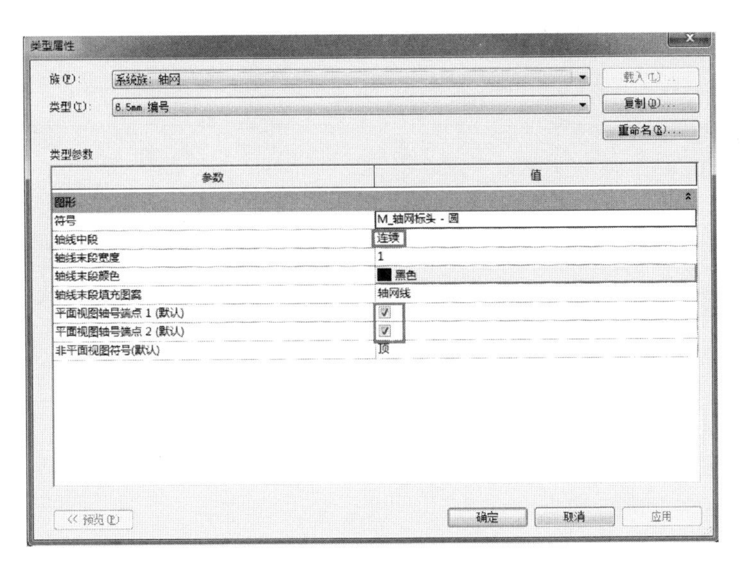

图 2-20　编辑轴线类型(二)

重复选取轴网命令,在轴线①右侧,绘制轴线②。然后退出绘制命令,选中轴线②,将轴线①和②之间的临时尺寸标注更改为“900”,如图 2-21 所示。

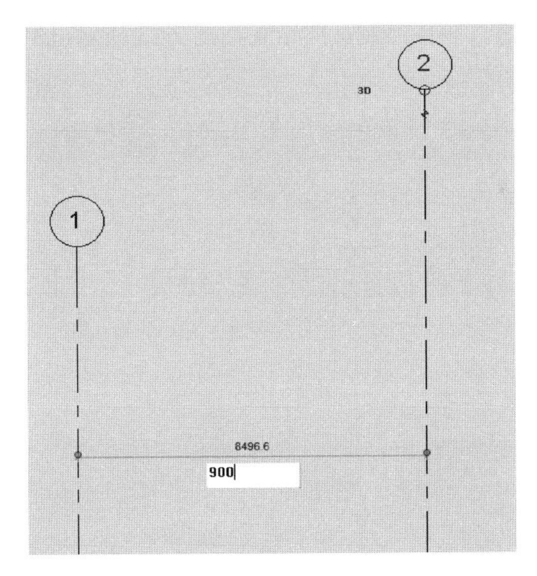

图 2-21　修改轴线间距

选中轴线①,鼠标左键按住端头的标记圆与直线相交处的小圆圈不放,可以上下拖动轴号位置。将轴线②与轴线①拖到同一水平位置时,松开鼠标。此时两条轴线在竖直方向就被自动锁定了,如图 2-22 所示。

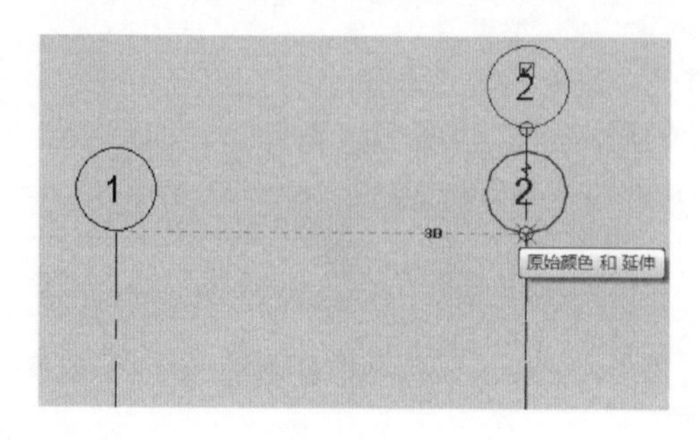

图 2-22　调整轴线符号

采用相同的方式,绘制轴线③到㊴,如图 2-23 所示。

横向轴网绘制结束以后,需进行纵向(*Y*)轴网绘制。纵向轴网一般采用引文字母从下至上进行编号。

选用轴网绘制命令,在绘图区域轴线①左方,靠近下端的位置,先单击鼠标左键选取一点,将鼠标向右移动,在最后一条横向轴线的右方再点击鼠标左键,绘制一条与所有横向轴线相交的纵向轴线。退出绘制命令,选中这条水平轴线,然后左键单击轴号,将轴号更改为Ⓐ。采用与竖向轴线相同的绘制方式,在轴线Ⓐ上绘制轴线Ⓒ~Ⓗ。轴网绘制最终结果如图 2-23 所示(图中标注是为方便读者识读,读者不用标注)。

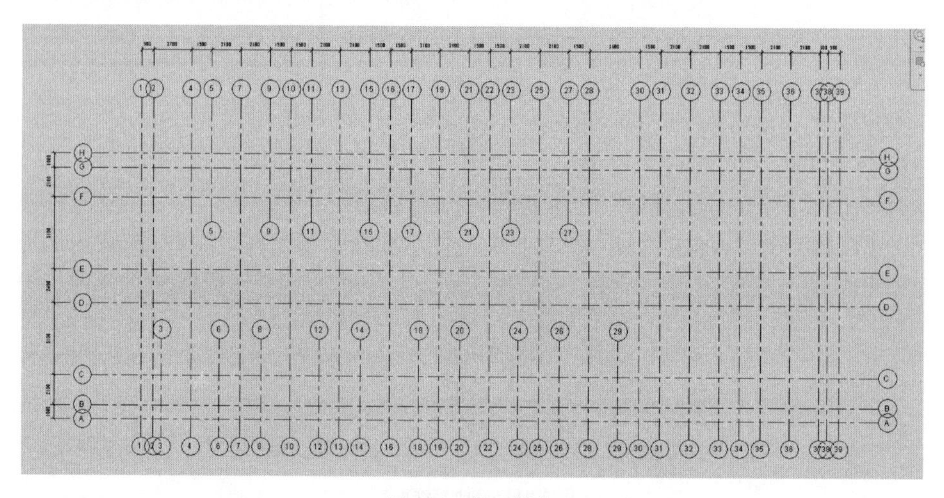

图 2-23　轴网创建

拓展:

(1)Revit 创建的轴网是图纸中的轴网,如果本书正文无法识别具体的数据，可参考本书附赠的图纸。

(2)在绘制轴网时，为了保证轴网相对于绘图区域的绝对水平和绝对竖直，在绘制时，可以按住“shift”键，这样绘制的轴线就是水平和竖直的。或者，在绘制的时候，当鼠标移动到水平或竖直方向，产生一条虚线时，这个位置也是绝对水平或竖直的。

(3)轴网的绘制方式与标高的绘制方式很相似。所有在绘制标高过程中使用过的命令在绘制轴网时也可以使用。例如，可以采用复制的命令来绘制轴网，能大大提高绘图效率。

(4)轴网和标高在建筑中必须联合使用。轴网可以在任何一层标高平面中进行绘制，且只需要绘制一层，其他楼层都可以看到；绘制标高时，在东西南北任何一个立面也都可以，其他方向都可以看到。所以，一个项目最好先绘制标高，再绘制轴网，这样才不会出现只有一层有轴网，其他楼层看不到轴网的情况。

(5)在绘制过程中，要合理利用绘制的图元的“属性”栏以及“项目浏览器”，随时更改属于图元自己的属性和位置。

(6)在绘制轴网和标高时，使用建筑或结构下的相应命令均可以，对于绘制结果没有影响。

(7)在学习初期，为更好地深入地了解软件的功能，为以后基于软件进行拓展学习，本书只讲述 Revit 本身自带命令的基本绘制方式。读者可在熟练掌握了这些基本功能以后，合理运用其他绘制方式进行建模，也可以结合基于 Revit 平台开发的插件进行绘制，提高建模效率。

思考：

如果先绘制轴网，后绘制标高，出现了在某些标高层看不见轴网的情况，该如何解决？

本书所使用的项目图纸和样板文件，读者可以扫描封面二维码进行下载。图纸为 CAD 文件，样板为 rte 格式文件。为方便读者使用，标高和轴网在本书提供的样板文件中已经绘制完成，从下节开始，读者可以直接使用样板文件进行模型创建，不用单独创建标高和轴网。

2.2　结构基础布置

本节主要讲述结构基础的放置方式。由于本书采用的项目基础为扩孔桩基础，Revit 软件中不存在本项目需要使用的基础族，故而需要使用本书提供的结构样板进行绘制。基础族的创建和使用，在本书第 4 章进行讲解。

首先打开软件，点击“新建”，在弹出的“新建项目”对话框下，点击“浏览”，之后在弹出的“选择样板”对话框中找到读者自行保存的本书提供的“四人间宿舍. rte”样板文件位置，选中样板文件，点击打开，即可进入模型创建界面，如图 2-24 所示。

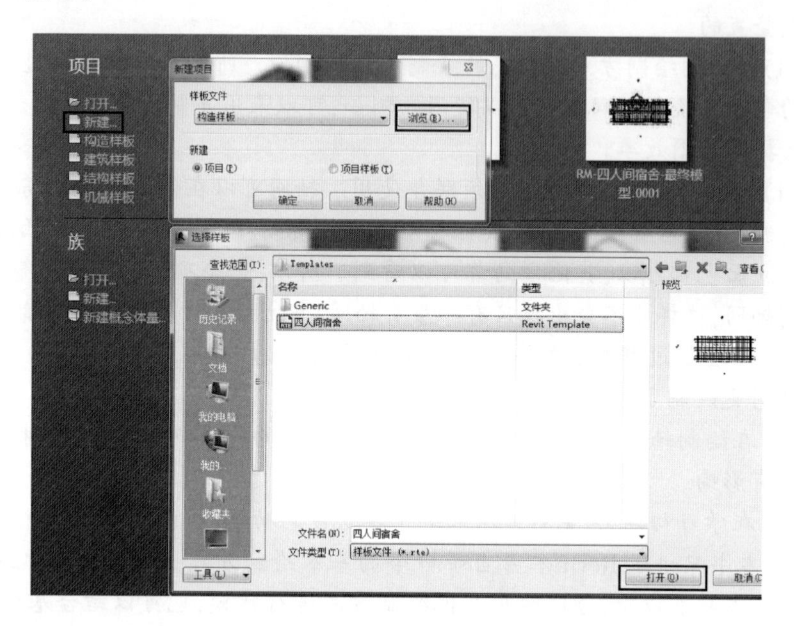

图 2-24 新建项目

依次点击“项目浏览器→视图→结构平面→JCD-0. 500”（双击），进入标高为 -0. 500 的平面视图。

然后依次点击“结构→基础→独立”，在属性栏下拉菜单中选择“现浇砼-C30-桩基 ZH2a 900-250”，然后在轴线①与Ⓖ的交点处单击。双击键盘“Esc”键可退出绘制状态。

通过软件左上方的快捷工具栏中的小房子图标，可以将视图切换到三维状态进行观察，如图 2-25 所示。

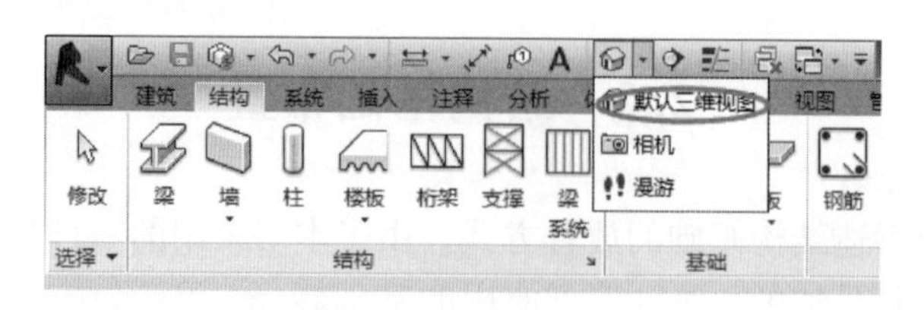

图 2-25 三维视图

根据图纸“C05 基础平面布置图”放置剩余基础。基础放置最终形态如图 2-26 和图 2-27 所示。

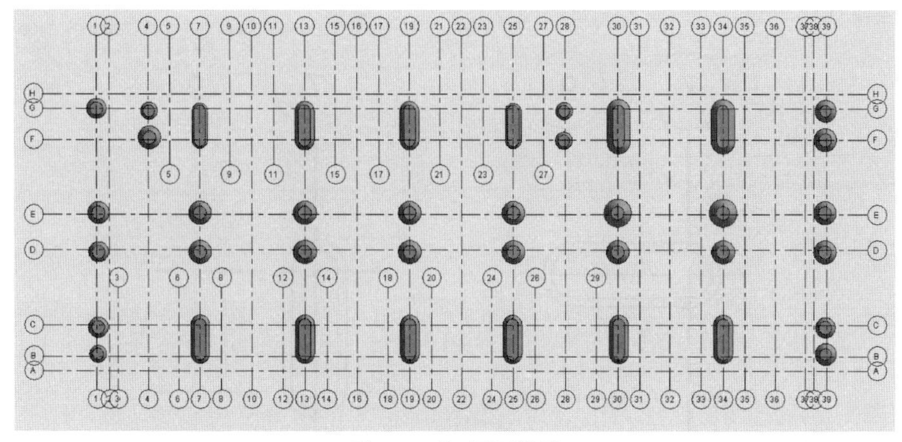

图 2-26　基础平面视图

图 2-27　基础三维视图

采用“四人间宿舍. rte”创建的模型文件中,基础类型的名称与图纸的基础类型名称相同,只是在样板文件中每一个基础类型名称后面添加了一个具体的数字,表述基础的尺寸。读者在选择基础类型时,可对照图纸,只依据基础名称进行选择。

例如,创建轴Ⓕ-Ⓖ/⑦的连桩基础时,图纸中基础名称为“ZH-5a”,对应样板文件中基础名称则为“ZH5a 800-150”。

在创建单桩基础过程中,基础平面定位鼠标自动定位到基础的形心处,即平面圆心处;连桩基础(两桩)则主要定位到其中一个桩的平面圆心处。

连桩基础被选中以后默认为水平向放置，如图 2-28 所示。要放置成图 2-29 所示方向，只需单击键盘上的空格键即可调整方向。

“JCD-0.500”标高为基础顶面标高。

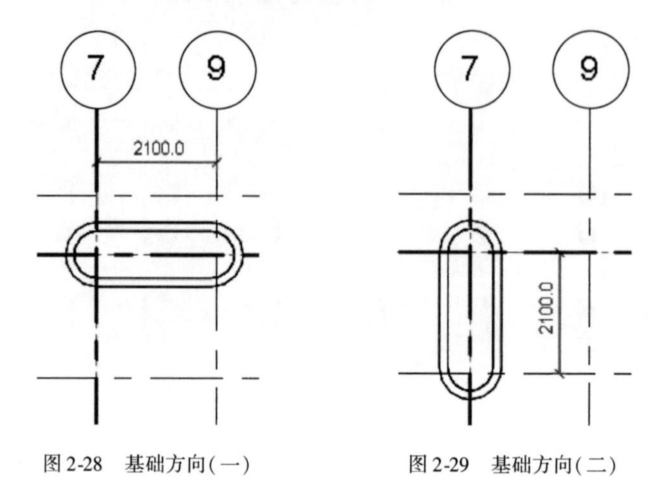

图 2-28　基础方向(一)　　　图 2-29　基础方向(二)

拓展：

(1)三维视图的一些基本操作有：shift + 鼠标中键(旋转视图)，上下滑动鼠标中键(放大与缩小)，按住鼠标中键不放(移动视图)，鼠标左键单击(选择图元)等。

(2)本书选择的基础类别及类型为本书配套样板文件所特有，Revit 自带的结构样板图里没有这些基础类型。

(3)所有的基础类别也可以通过“项目浏览器→族→结构基础”来找到，然后选择需要的基础类型，鼠标右键选择“创建实例”进行创建(见本书第 4 章)。

(4)基础的创建可以按照图纸“C05 基础平面布置图”中所示数据，设置偏心数据。例如修改图 2-30 居中放置基础偏心至图 2-31 所示位置，具体操作如下：

①选中刚放置好的基础，选择“修改→基础→修改→移动”，如图 2-32 所示。

②先在屏幕上任意地方鼠标单击左键，将鼠标向下方拖动(注意，此时不要按住鼠标左键)一段距离，通过键盘输入向下偏心数据“150”，按回车键确定。

③选择该基础，在屏幕上任意地方单击鼠标左键，将鼠标向右方拖动一定距离，通过键盘输入向右偏心数据“75”，按回车键确定。

④通过上述一系列操作，轴线①与Ⓖ交点处的“ZH-2a”号基础的准确位置就确定下来了(图 2-25 和图 2-26)。

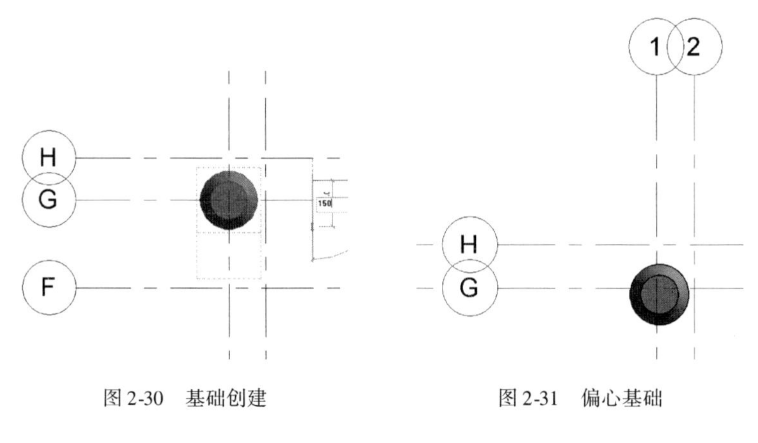

图 2-30　基础创建　　　　图 2-31　偏心基础

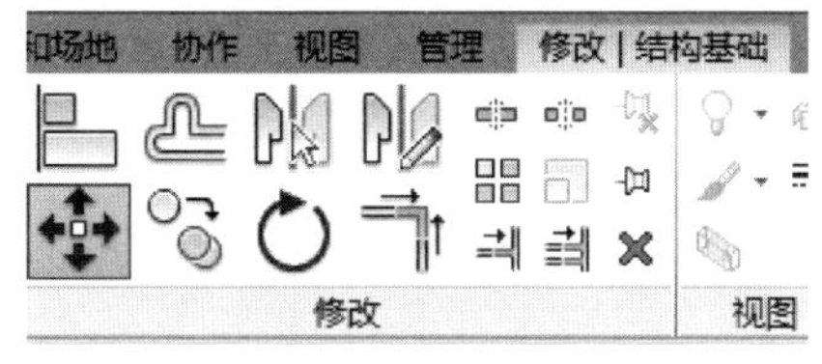

图 2-32　移动命令

本书为方便初学读者,对偏心构件的创建只做讲解,不做操作要求。读者在创建模型的时候,可以不考虑偏心情况进行创建。

思考:

基础的标高如果放置错误,该如何修改?

2.3　创建结构柱

结构构件的创建主要掌握三个关键点:构件的定位、构件的尺寸和构件的创建方式。

构件的定位通过标高和轴网进行控制;构件的尺寸需要在构件放置之前进行定义;构件的创建方式则明确了构件在创建过程中的具体放置和定位方式。

Revit 中的柱分为结构柱和建筑柱两个类别。本节主要讲述结构柱的创建方式。以 KZ4-4a 为例,样板文件中柱命名原则及方式与基础一致,柱名称后面跟随的数字是柱截面尺寸及柱所在范围标高。具体操作如下:

首先通过“项目浏览器”进入平面“JCD-0.500”标高层。

然后选择路径“结构→结构→柱”,进入结构柱绘制状态。

根据结构图纸“柱平面布置图”的数据，在属性下拉列表中选中柱类型“KZ-4a 350×500 JCD-21.600”，在菜单栏下部的功能区内，将需要放置的柱的状态修改成图 2-33 所示的状态。在轴线①与Ⓖ交点处单击鼠标左键，将 KZ-4a 放置在轴网上。

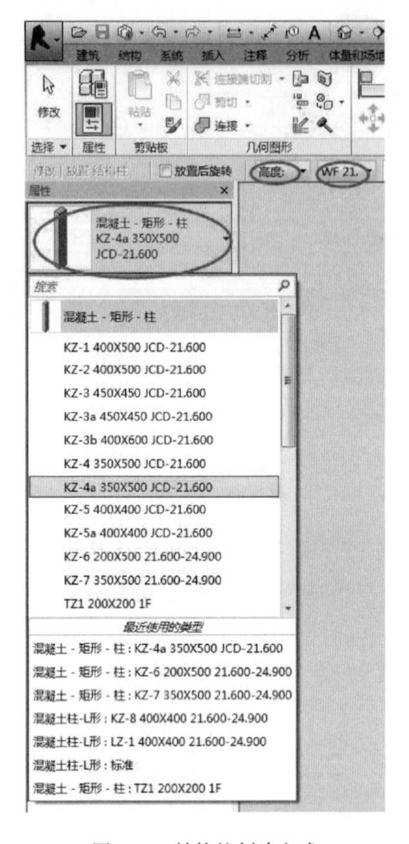

图 2-33　结构柱创建方式

其余结构柱的放置方式均与 KZ-4a 放置方式相同。根据“柱平面布置图”创建其余柱类型。

同样可以将视图切换到三维视图，观察柱放置完成后的三维效果。结果如图 2-34 所示。

结构柱 KZ-4a 根据“柱平面布置图”中表述，其标高为从基础顶面至 3.600 和从 3.600 至 21.600 两段。上述讲解中，只采用了一段，即从基础顶面至 21.600。这是因为在 Revit 结构模型创建过程中，并未考虑钢筋的差别，KZ-4a 在图纸中分为两段是出于上下两段钢筋配置不同，但 Revit 模型中只要上下两段截面尺寸相同,可以当做一段进行处理。

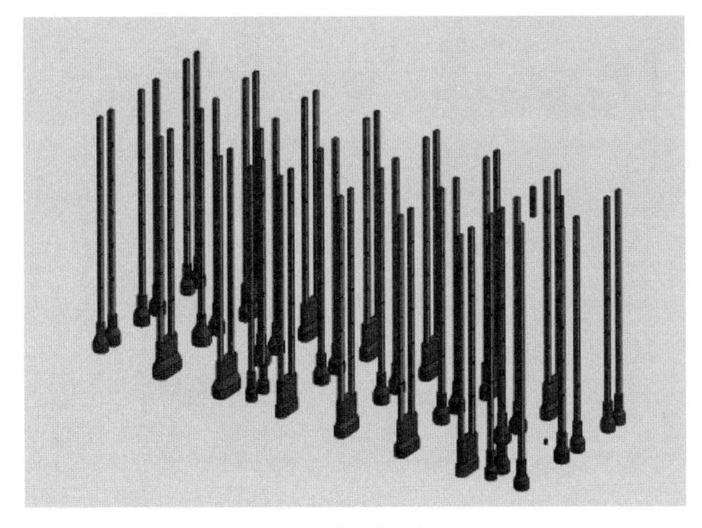

图2-34 结构柱三维视图

拓展:

结构柱的创建比较简单,但创建后的修改过程较为繁琐,具体过程如下:

(1)在创建结构柱时,应当明确图纸中各结构柱的起始和终止标高。在绘制时,采用“高度”的绘制方式时,则创建时所进入的楼层标高就是结构柱的柱底的起始标高,功能区选择的标高为柱的柱顶终止标高。

若采用“深度”的绘制方式,则创建时所进入的楼层标高就是结构柱的柱顶的终止标高,功能区选择的标高就是结构柱的柱底的起始标高。如图2-33所示,此时采用的方式为“高度”,则右上角显示的“WF 21.6”为结构柱KZ-4a的柱顶终止标高,KZ-4a的柱底起始标高就为当前所在平面的标高“JCD-0.500”。

(2)创建结构柱时,结构柱上下文选项卡“放置”命令一栏,应该选择“垂直柱”,不能选择“斜柱”。选择后者会出现什么情况,读者可以自行研究。

(3)创建结构柱时,可以对已经放置完成的柱类型进行更改。例如,轴线①和Ⓒ交点处结构柱类型应为“KZ-2”,假设在创建时错误放置成为“KZ-3”。更改时,首先退出绘制状态,然后选中创建错误的结构柱,此时,属性菜单栏中显示的即为当前已经创建好的结构柱的属性;然后在属性菜单下拉列表中,选择正确的柱类型,即可更正,如图2-35所示。

(4)结构柱创建完成后,可以对结构柱的底标高和顶标高进行更改。更改时,首先选中需要更改的结构柱,然后在属性菜单栏中通过“顶部标高”更改结构柱的顶标高;通过"底部标高"更改柱的底标高,如图 2-36 所示。

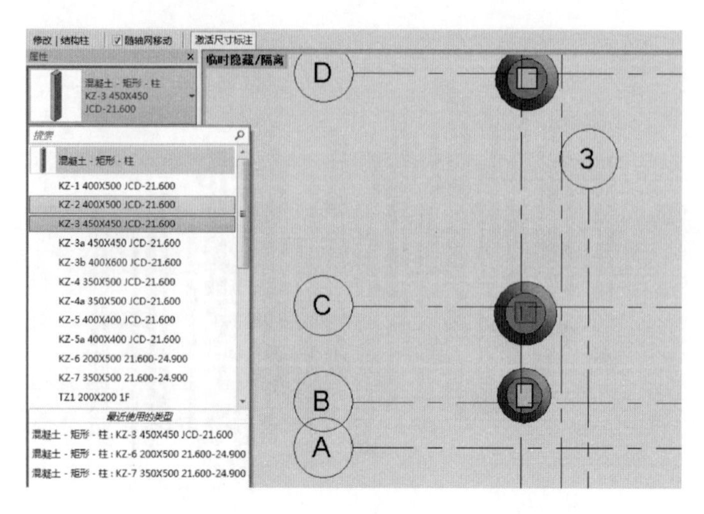

图 2-35　修改柱类型

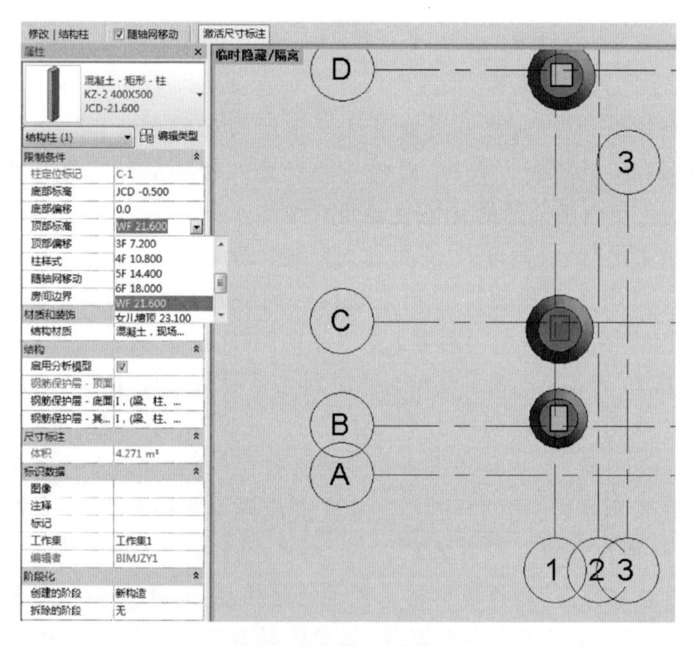

图 2-36　修改柱标高

注意:只有在创建标高时创建过的标高,才会出现在"顶部标高"和"底部标高"的下拉列表中。并且,结构柱的"顶部标高"和"底部标高"不能是同一个标

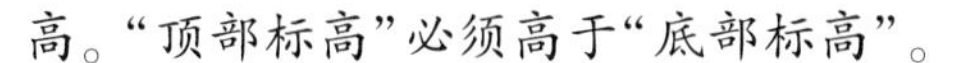

高。“顶部标高”必须高于“底部标高”。

(5)如果不是采用本书提供的样板进行柱创建,则在放置柱之前,需要对柱进行定义,具体操作如下:

点击“结构→柱”,在“属性”栏中点击“编辑属性”。

在弹出的“类型属性”对话框中,点击“载入”,在弹出的“打开”对话框中依次点击“结构→柱→混凝土”,选择“混凝土-矩形-柱”,点击打开,如图 2-37 所示。

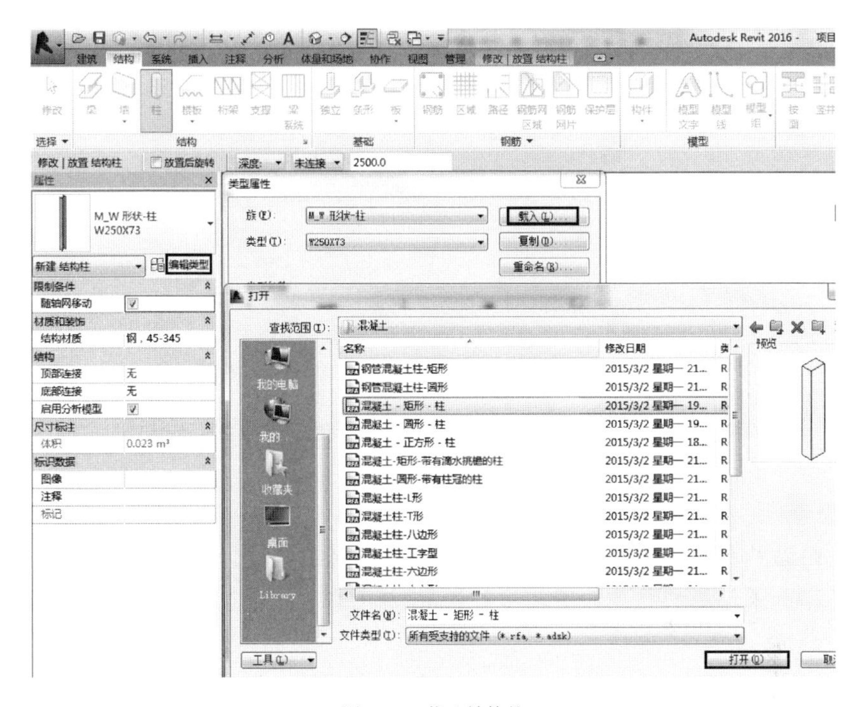

图 2-37　载入结构柱

此时的“类型属性”对话框如图 2-38 所示。点击“复制”,并在弹出的“名称”对话框中输入需要定义的柱名称,点击“确定”,然后更改柱截面尺寸“b”和“h”,点击“确定”,即可完成柱定义。

随后可按照前述柱的创建方式进行柱的放置。

(6)结构柱创建完成后,可以对已有的柱类型属性进行修改。首先选中已经创建好的结构柱,点击属性栏中的“编辑类型”,进入类型属性编辑框。在尺寸一栏修改柱的截面尺寸。如果需要重命名,可以选择“复制”,然后在新的对话框中输入新名称,则原来的柱类型依然存在;如果选择“重命名”,则将当前的柱类型名称全部更改为新名称。方法与柱定义类似。

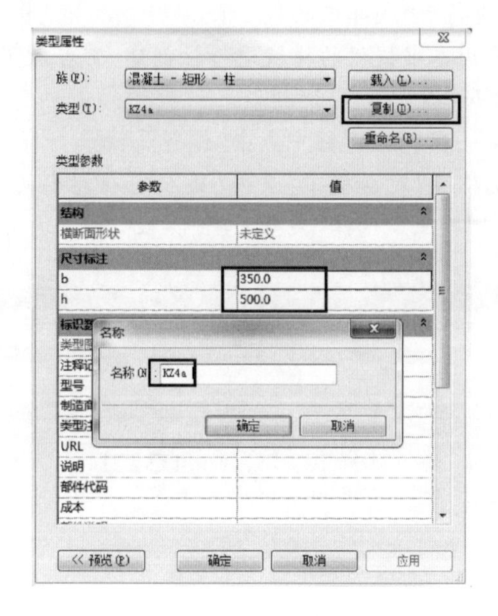

图 2-38　定义柱类型

(7) 柱偏心设置方式与基础相同，此处不再详述，读者可参考前述内容进行尝试。

思考：

(1) 结构柱属性栏里的“底部偏移”和“顶部偏移”有何用途？

(2) 如果使用的柱截面不是矩形截面，该怎么办？

2.4　创建结构梁

梁是结构水平构件。在 Revit 中，结构模型中有梁构件，建筑模型中没有。梁创建的关键点与柱创建过程中讲述的三个关键点相同。

在 Revit 中，基础梁与楼层梁可以采用相同的方式进行创建。本书以基础梁为例讲解结构楼层梁的创建，样板文件中梁的命名原则、方式均与基础一致，其后面跟随的数字为梁截面尺寸和所在楼层。下文的讲解中，将具体讲解梁的定义，读者可按照本书的讲解首先定义梁，也可以跳过梁定义环节，直接使用样板文件中提供的梁进行梁的放置。

一般意义上，结构主梁作为水平受力构件，应当以结构柱或其他构件作为支撑，在梁创建之前，应该完成柱或者作为其支座的其他构件的创建。结构梁应该与其支承构件具有良好的搭接。

梁创建的具体操作如下：

首先进入需要创建基础梁的标高视图。进入“JCD-0.500”楼层标高，依次选择命令“结构→梁”，在属性下拉列表中，选择“混凝土-矩形梁”下任意一种尺寸的矩形梁，本书以“400mm×800mm”为例。

点击“编辑类型”，再点击“复制”，将“名称”一栏更改为“JL-3 250×600”，点击“确定”。

然后将“尺寸标注”下的“b”更改为“250”，“h”更改为“600”，点击“确定”，如图2-39所示。

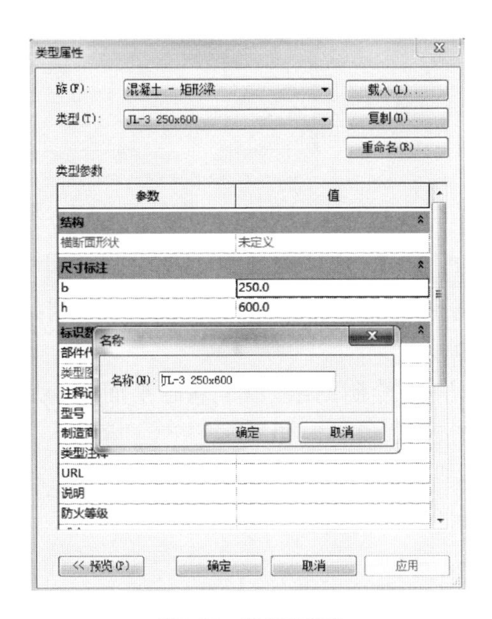

图2-39　定义梁类型

完成定义以后，软件将直接进入结构基础梁“JL-3”绘制状态。

在绘图平面中，鼠标左键单击轴线①与Ⓖ的交点，继续单击轴线④与Ⓖ的交点，然后退出绘制状态。此时，“JL-3”的一段绘制完成(图2-40)。按两次“Esc”键退出绘制状态。

再次选择命令“结构→结构→梁”，在属性下拉列表中，选择“混凝土-矩形梁”下的“JL-3 250×600”，点击“编辑类型”，再点击“复制”，将“名称”一栏更改为“JL-2 250×400”，点击“确定”。然后将“尺寸标注”下的“b”更改为“250”，“h”更改为“400”，点击“确定”，如图2-41所示。

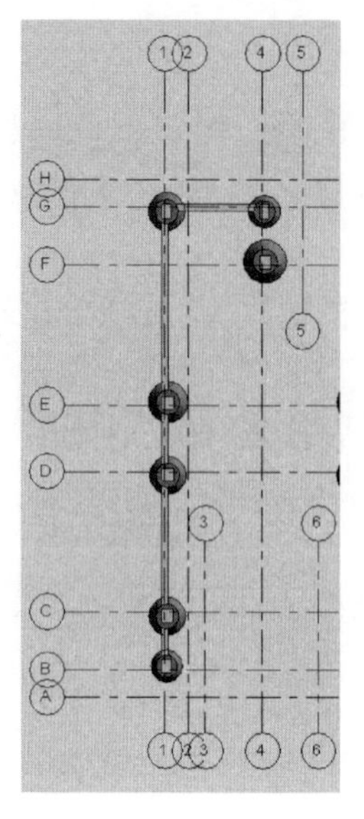

图 2-40　创建基础梁

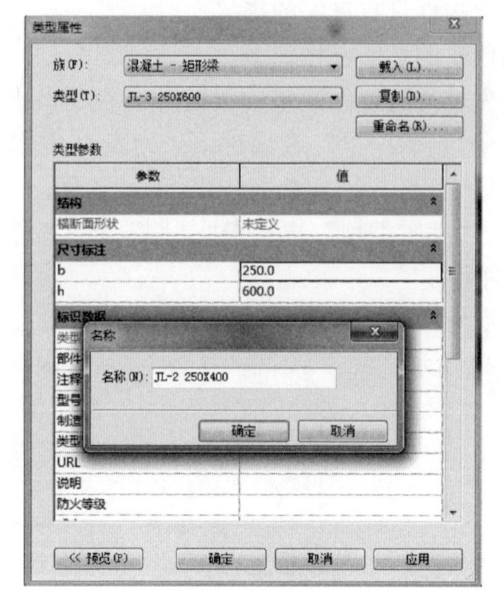

图 2-41　定义梁类型

此时进入结构基础梁“JL-2”绘制状态，在绘图平面中鼠标左键单击轴线①与Ⓑ的交点，继续单击轴线①与Ⓖ的交点，然后退出绘制状态。此时，“JL-2”的一段绘制完成（图 2-40）。

采用相同的绘制方式，绘制图纸“C05 基础平面图”所示的基础梁，绘制结果平面图及三维图（图 2-42 和图 2-43）。

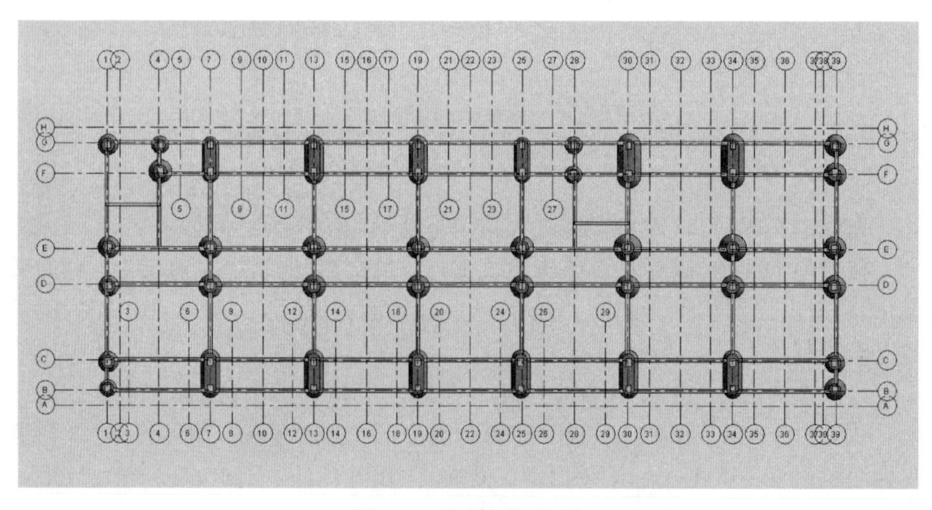

图 2-42　基础梁平面视图

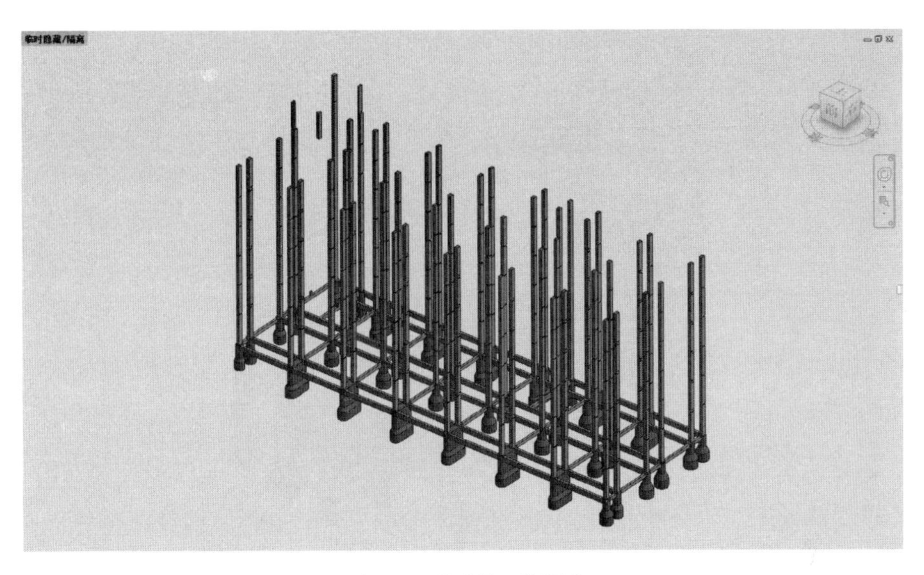

图 2-43　基础梁三维视图

基础梁绘制完成以后,双击“项目浏览器”中结构平面中的“2F 3.600”,进入到二层结构平面,采用与基础梁相同的方式,先根据“二层梁配筋图”创建楼层结构梁类型,再根据“二层梁配筋图”所示结构梁布置方式创建二层结构梁。

切换到“4F 10.800”和“5F 14.400”结构标高平面,然后按照“四、五层梁配筋图”绘制四、五层结构梁。

切换到“3F 7.200”和“6F 18.000”结构标高,根据图纸“三、六层梁配筋图”绘制三层和六层结构梁。

切换到“WF 21.600”,根据“屋面层梁配筋图”绘制屋顶层结构梁。

最后切换到“楼梯间顶 24.900”,根据“楼梯屋面梁配筋”图纸绘制楼梯间屋顶结构梁。

结构梁绘制结果如图 2-44 所示。

拓展:

(1)结构梁的绘制是一个繁琐的过程,首先要仔细阅读图纸。不同楼层标高、不同部位、不同跨度、不同梁尺寸及类型要分别进行绘制,避免出现结构绘制错误。本书为方便初学者理解,所有结构梁均不做偏心。

(2)为方便初学者操作,地面以上二至六层结构梁可采用相同尺寸和布置形式进行创建。具体操作如下:

首先,按照上文所述操作方式,绘制二层结构梁。

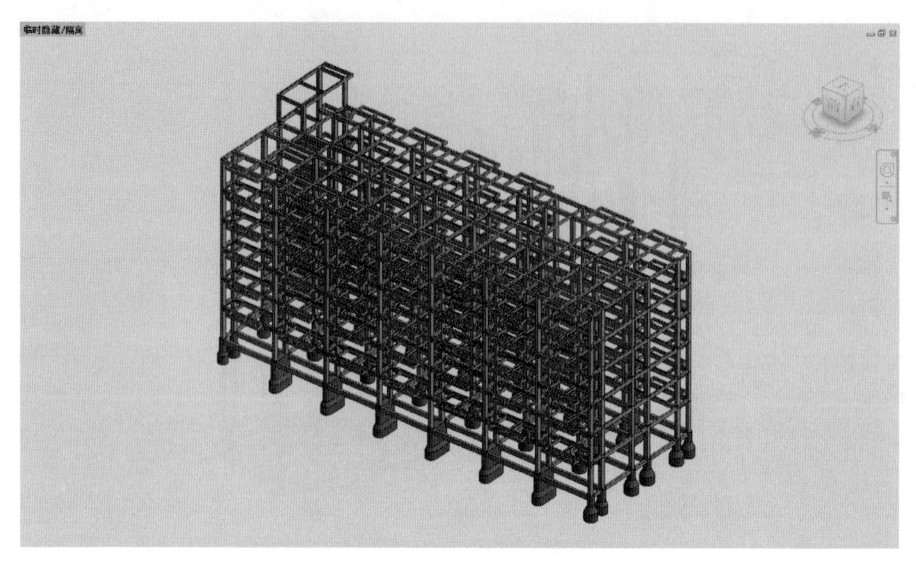

图 2-44　结构梁三维视图

然后切换到三维视图中，点击三维视图右上方的视图立方块，单击“前”视图，进入前视图中。

按住鼠标左键不放，框选视图中所有构件，然后放开鼠标左键。

依次点击“修改→选择多个→选择→过滤器”，勾选所有的“结构框架”，如图 2-45 和图 2-46 所示，点击“确定”。

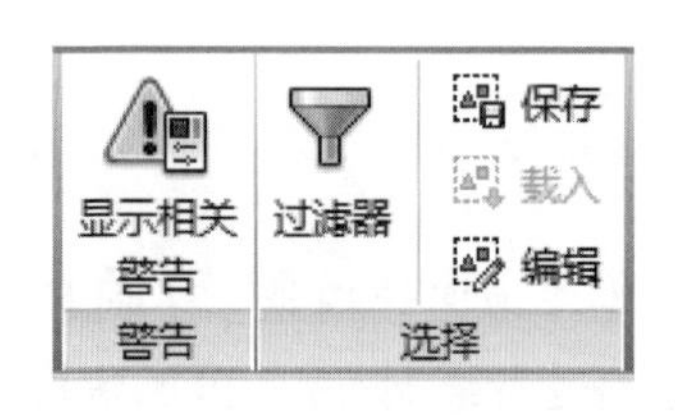

图 2-45　过滤器

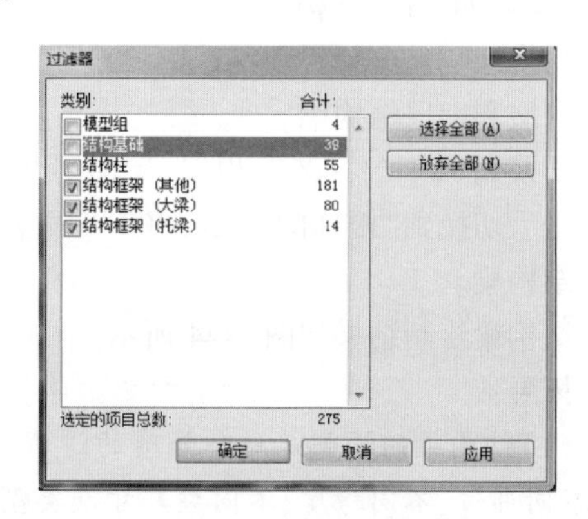

图 2-46　过滤器选择

然后依次选择“修改→结构框架→剪贴板→复制到剪贴板”，如图 2-47 所示。

选择“修改→剪贴板→粘贴→与选定的标高对齐”，在弹出的“选择标高”对话框中，按住“shift”键不放，选择三至六层对应的楼层标高，点击“确定”，即完成了三至六层结构梁的绘制，如图 2-48 所示。

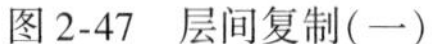
图 2-47　层间复制(一)

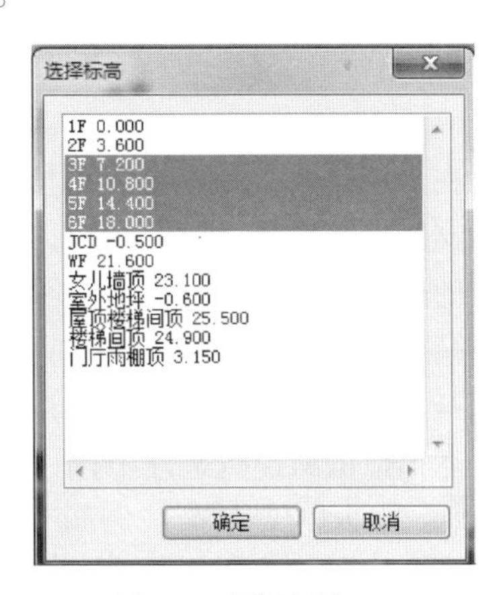

图 2-48　层间复制(二)

(3)结构梁的创建与结构柱的创建过程相似，如果创建错误，可以通过选中图元，在属性栏中进行修改。

(4)本书在绘制“JL-3”时只绘制了连续梁的一段，绘制“JL-2”则采用一次性绘制。两种绘制方式，都可以采用，但各有优缺点。读者可以在以后的绘制中自行体悟。

(5)对于已经创建好的结构梁，如果创建到了错误的楼层标高上，修改标高比较麻烦，具体操作如下：

首先，选中已经创建完成的结构梁，属性栏中“参考标高”一栏是灰色不能修改的。

此时，可以先将属性栏中“起点标高偏移”或者“终点标高偏移”后的数据改为大于“0”的任意数字，回车，对于弹出的警告点击“确定”。

修改以后，选中的结构梁的“参考标高”一栏可以修改了，将“参考标高”修改为需要的标高。

标高修改完成后，将前面更改过的“起点标高偏移”或者“终点标高偏移”更改为“0”，此时该结构梁就修改到了正确的标高上。

思考：

(1)结构梁属性中的“起点标高偏移”和“终点标高偏移”是什么意思？有什么作用？

(2)文中简单讲解了直线矩形梁的绘制方式，那么弧线矩形梁该如何绘制？圆形截面梁如何绘制？

(3)如果属性栏中没有“混凝土-矩形梁”这一梁类型，该如何调取？

2.5 结构楼板的创建

在 Revit 中,楼板分为建筑楼板和结构楼板两个类别。结构楼板是以结构梁为支座的水平受力构件,因此在楼板创建之前,应该完成作为其支承系统的结构梁的或者其他构件的创建。创建的结构板应与其支承构件进行良好的搭接。

结构板的创建与梁、柱的创建方式有较大的不同,其创建过程依然有三个关键点:板的标高、板的厚度和板的边界范围。

本书提供的样板文件中,板的命名方式与图纸有一定区别,主要包括三个方面:板类型-板厚度-标高。例如"JGB-100mm-BZ",表示"结构板-100mm 厚-标准层",英文字母均为汉语拼音的首字母。读者可选用样板文件提供的板类型进行板的创建,也可以按照下文中讲解的方式进行定义。

板创建的具体操作如下:

将绘图平面切换到"2F 3.600"标高,按顺序点击"结构→结构→楼板→楼板:结构",进入板绘制状态。在属性栏下拉菜单中任意选择一种楼板(此处以"楼板常规-300mm"为例),然后点击"编辑类型",再点击"复制",将名称更改为"楼板 JGB-100mm-BZ",点击"确定",如图 2-49 所示。

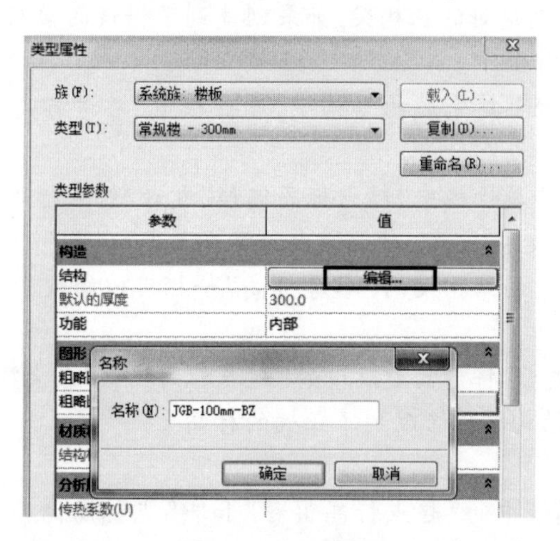

图 2-49 定义结构板

在类型参数状态栏下,选择"结构→编辑",将"编辑部件"对话框中的"厚度"更改为"100",点击"确定",再次点击"确定"并退出类型属性对话框,如图 2-50所示。

将属性栏里“自标高的高度偏移”后的数据更改为“－50”，如图 2-51 所示。

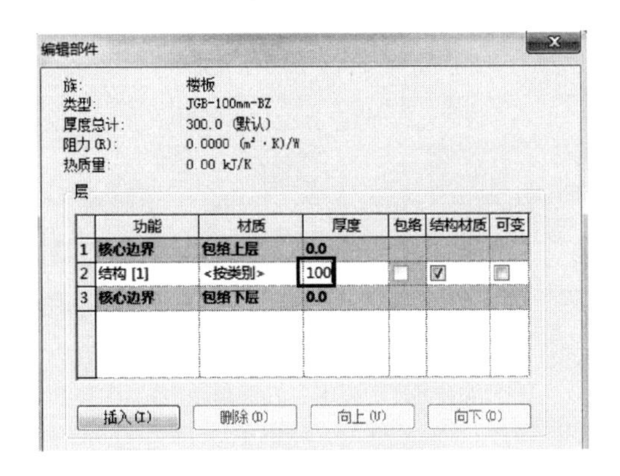

图 2-50　修改板厚

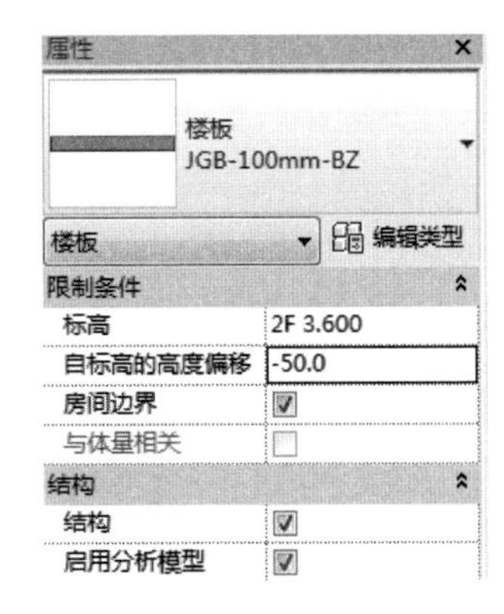

图 2-51　修改板标高

然后依次点击“修改→创建楼层边界→绘制→边界线→直线”，如图 2-52 所示。

在绘图区域依次沿着⑤～⑨→Ⓗ，⑤～⑨→Ⓕ，Ⓕ～Ⓗ→⑨，Ⓕ～Ⓗ→⑤四根梁的外边线绘制一个矩形，如图 2-53 所示。

图 2-52　创建板边界命令

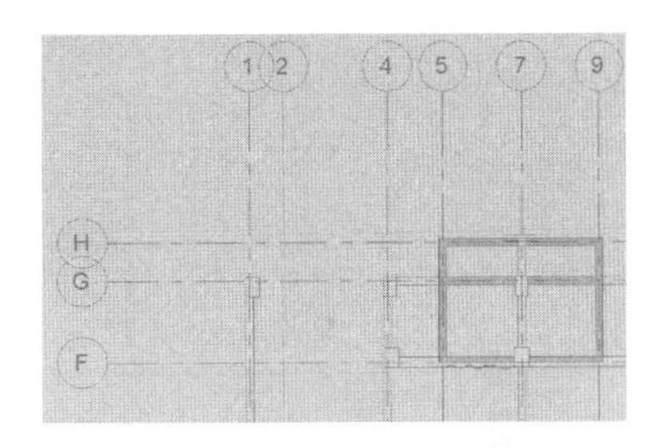

图 2-53　楼板边界

然后点击菜单栏中的绿勾（图 2-52），完成一片楼板的绘制（图 2-54）。

此时绘制的是阳台楼板，阳台楼板相对结构标高下沉 50mm，故而将“自标高的高度偏移”更改为了“－50”。

采用同样的方法，按照“二层板配筋图”绘制其他阳台楼板，如图 2-54 所示。

按顺序点击“结构→结构→楼板→楼板：结构”，进入板绘制状态。

在属性栏下拉菜单中选择“楼板 JGB-100mm-BZ”，将“自标高的高度偏移”后的数据更改为“－300”，然后按照“二层板配筋图”绘制图 2-55 所示范围的结构板。

此时绘制的为厕所间所在结构楼板，厕所间楼板相对楼层标高下沉了

300mm,故而将“自标高的高度偏移”修改为“-300”。

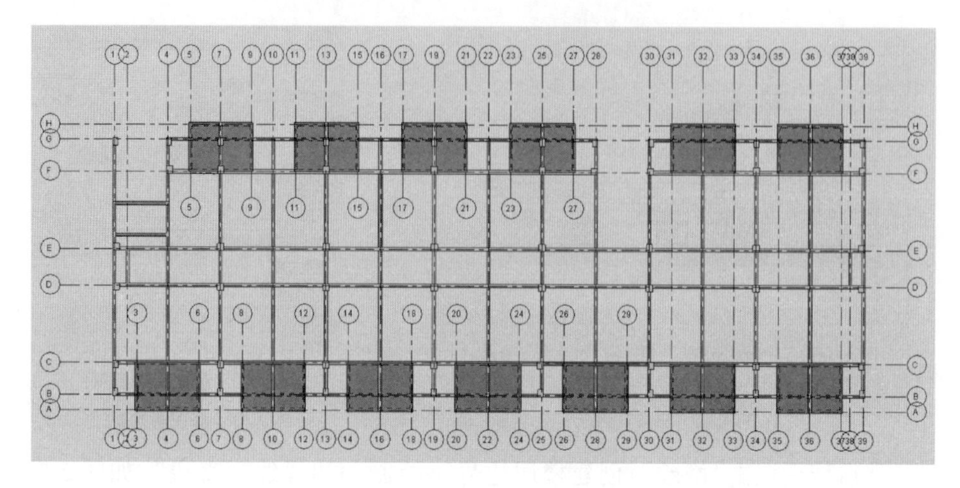

图 2-54　结构板平面(一)

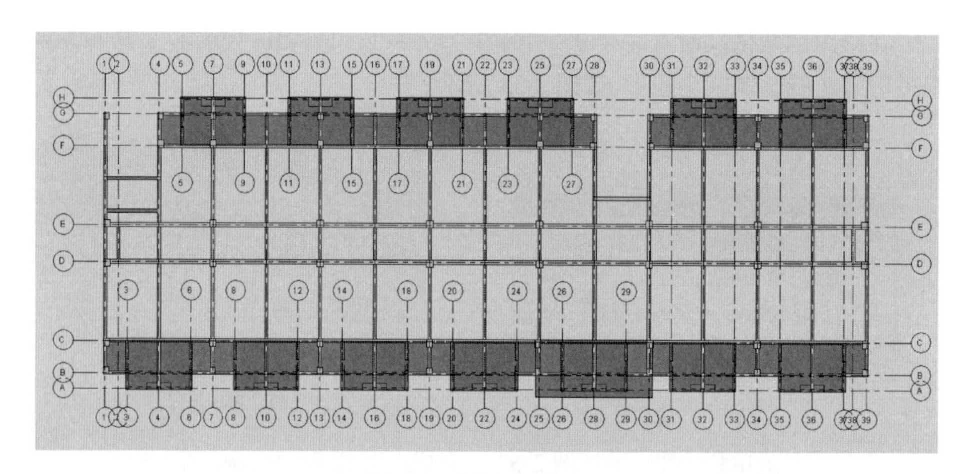

图 2-55　结构板平面(二)

按顺序点击“结构→结构→楼板→楼板:结构”,进入板绘制状态。在属性栏下拉菜单中选择“楼板 JGB-100mm-BZ”,将“自标高的高度偏移”后的数据更改为“0.0”,然后按照“二层板配筋图”绘制图 2-56 所示范围的结构板。此时绘制的是二层结构楼层板。

二层楼板创建完成。

采用同样的方法,分别按照“四、五层板配筋图”“三、六层板配筋图”“屋面层板配筋图”绘制三层至屋顶层的楼板。

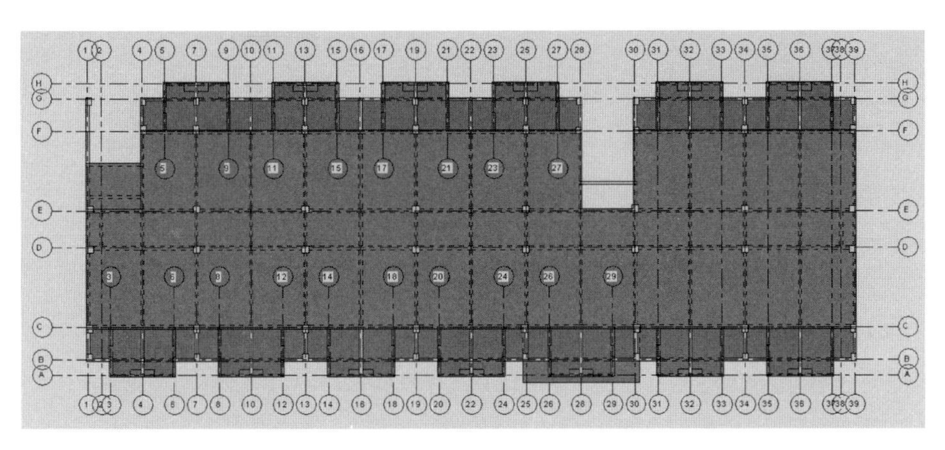

图2-56　结构板平面(三)

拓展：

(1)结构楼板绘制过程中需要格外注意图纸中各个不同区域楼板的板厚及标高,保证绘制的精确性。楼板属性不同时需采用不同属性的楼板分开绘制,相同属性的楼板可以绘制成为一块结构板。

(2)本书中,楼板在绘制过程中,建筑外边缘及洞口边缘的楼板边缘,均沿结构梁的边缘进行绘制;其他部位的楼板边缘,沿梁中心线进行绘制。读者可根据自己的理解进行,其结果对结构模型影响不大。但在后期的运用过程中,需要有对应的解决措施,读者可在工程的具体应用中进行研究。

(3)进入结构楼板绘制命令以后,已经创建好的构件将变为灰色显示,无法进行选择。界面中的大部分命令将无法执行,只有"修改"菜单栏的命令可以执行。

(4)在结构楼板绘制过程中,楼板边缘线必须形成闭合且独立的环,不能有线条的相交和重叠出现,否则将无法完成绘制。出现上述情况,点击"模式"中的绿勾,系统会弹出错误对话框。

图2-57和图2-58所示为出现交叉的情况。可以点击"继续",然后依次点击"修改→创建楼层边界→修改→修剪",然后先后点击有交叉的两条直线中需要留下的部分,再完成绘制,如图2-59和图2-60所示。

(5)为方便初学者操作,本书地面以上二至六层采用相同的结构板进行绘制。具体操作如下:

首先,按照上文所述操作方式,绘制二层结构板。

图 2-57　楼板边界绘制原则(一)

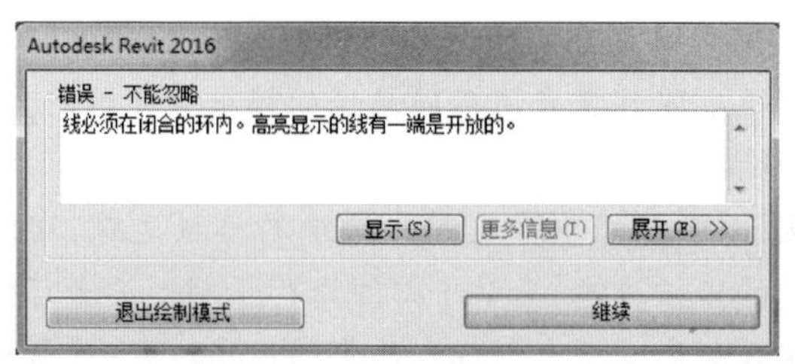

图 2-58　楼板边界绘制原则(二)

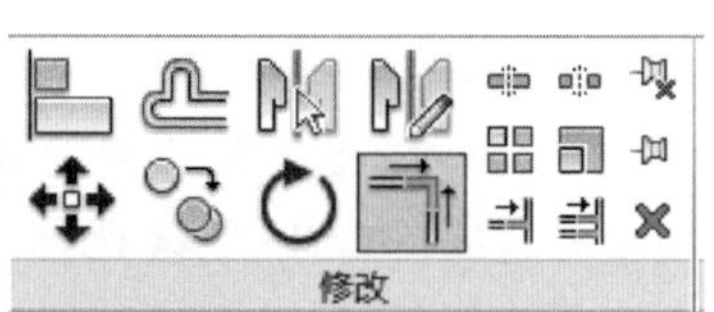

图 2-59　修剪命令

然后切换到三维视图中，点击三维视图右上方的视图立方块，单击“前”视图，进入前视图中，通过框选的方式，选中视图中二层所有图元。

依次点击“修改→选择多个→选择→过滤器”，勾选所有的“楼板”(图 2-61)，点击“确定”；然后依次选择“修改→结构框架→剪贴板→复制到剪贴板”(图 2-47)；选择“修改→剪贴板→粘贴→与选定的标高对齐”，在弹出的“选择标高”对话框中，按住“shift”键不放，选择三至六层对应的楼层标高，点击“确定”，即完成了三至六层结构板的绘制。上述操作与结构梁的层间复制方式相同。

(6)本书并未对首层楼板进行创建，也并未提供首层楼板的结构图。读者可根据自己的认识，创建首层结构楼板。

思考：

楼板创建过程中，独立的环是什么意思？线条的重叠是什么意思？

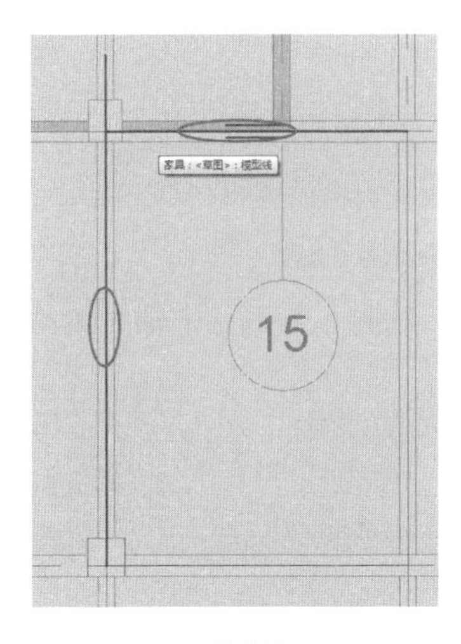

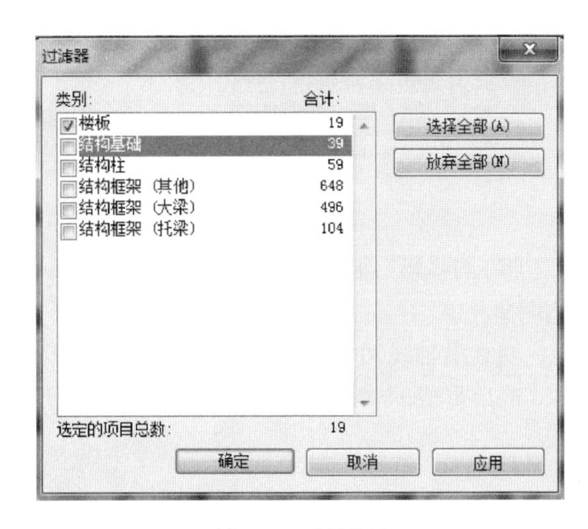

图 2-60　修剪楼板边界

图 2-61　选择楼板

2.6　楼梯的创建

楼梯是建筑中的竖向交通通道。在施工图中，建筑施工图与结构施工图中都有楼梯的详细表述。但在 Revit 模型中，创建楼梯时，梯段部分只有在建筑专业下才有选项，而梯柱、梯梁等结构构件属于结构专业下的命令选项。因此本书将对楼梯的创建放在结构模型创建过程中进行讲解，但创建过程中是结构施工图和建筑施工图相配合。在创建建筑模型时不再对楼梯进行单独讲解。

楼梯在 Revit 模型创建中是一个重要的环节，需要仔细琢磨。

创建楼梯模型时，有三个关键点：梯段的尺寸、楼梯各梯段平台板的标高和踏步数量。

本书以 2 号楼梯为例进行讲解。

楼梯的绘制需要在绘图区域中做出一系列辅助线，辅助线主要帮助定位以下内容：梯柱和梯梁的位置，梯段的起点和终点，平台板的位置等。

楼梯的创建具体操作如下：

切换到“1F 0.000”平面。依次点击命令“结构→工作平面→参照平面”，如图 2-62 所示。在功能选项卡“偏移量”中输入“1900”，如图 2-63 所示。然后在图 2-64 所示轴网处，沿轴线Ⓔ从左向右绘制一条线段。

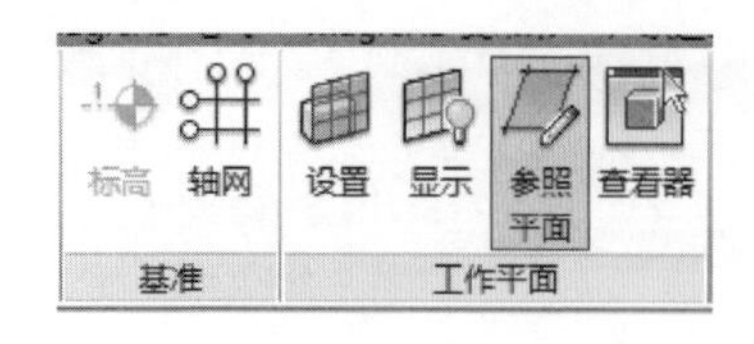

图 2-62　参照平面

图 2-63　修改

将“偏移量”改为“925”,然后沿轴线㉘从上往下绘制一条平行于轴线㉘的辅助线。

继续沿轴线㉚从下往上绘制一条平行于轴线㉚的辅助线。

最后形成的辅助线系统如图 2-64 虚线所示。

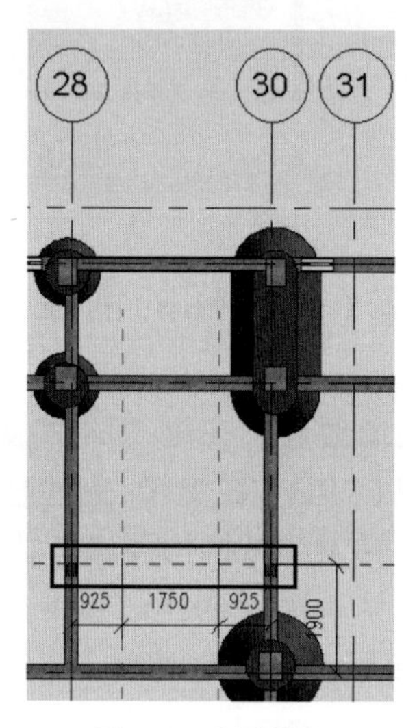

图 2-64　创建梯柱

辅助平面创建好以后,继续创建梯柱。

轴线Ⓕ与轴线㉘、㉚交点处的结构柱直接作为梯柱使用,不需要创建。

将视图切换到“JCD-0.500”平面。依次点击“结构→柱”,任意选择一种矩形柱,点击“编辑类型”,再点击“复制”,将名字更改为“TZ1 200×200”,点击“确定”。将尺寸标注中“b”更改为“200”,“h”更改为“200”,点击“确定”。

将功能选项卡中放置方式改为“高度”,柱顶标高改为“未连接”,将“未连接”后方空白框的数据更改为“500”,如图 2-65 所示。

然后分别在轴线㉘、㉚与水平辅助虚线的交点处中心位置放置 TZ1。

放置好 TZ1 后,选择“修改→对齐”命令(图 2-66),先点击水平辅助虚线,再点击 TZ1 上边缘线,让 TZ1 上边缘与水平辅助虚线对齐(图 2-64)。

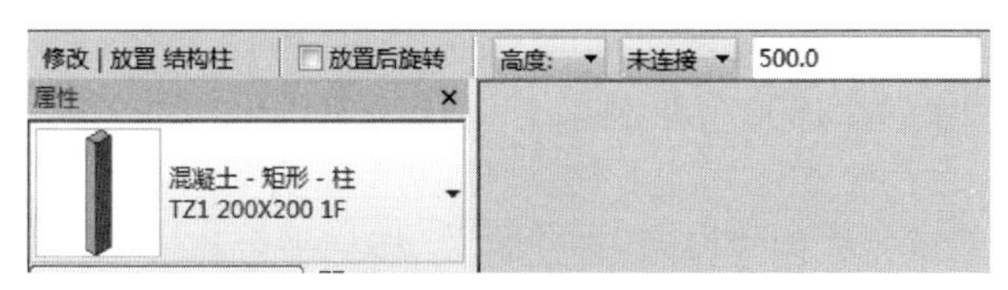

图2-65　梯柱标高

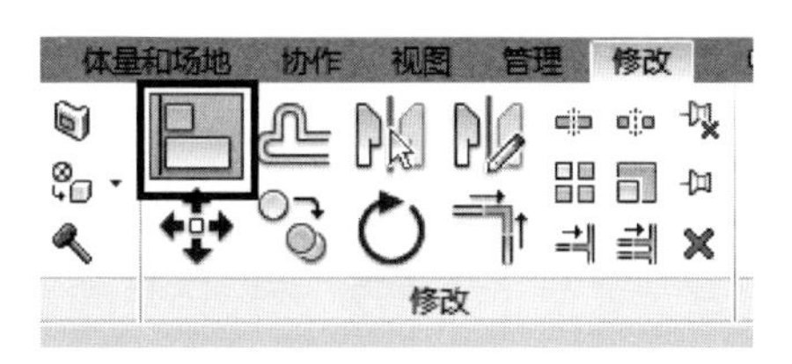

图2-66　对齐命令

此处创建的梯柱TZ1为基础梁顶到首层地面段,用以支承楼梯第一个梯段起点的一段梯柱,高度只有500mm,其支承点在基础梁上。

梯柱创建好以后,继续创建楼梯梁。

保持在视图"JCD-0.500"平面内。

依次点击"结构→梁",然后任意选择一种矩形梁,点击"编辑类型",再点击"复制",将名字更改为"TL1 250×350",点击"确定"。将尺寸标注中"b"更改为"250","h"更改为"350",点击"确定"。

将属性栏中"Z轴偏移值"更改为"500",如图2-67所示。

连接创建的两根TZ1形心,创建TL1,如图2-68所示。

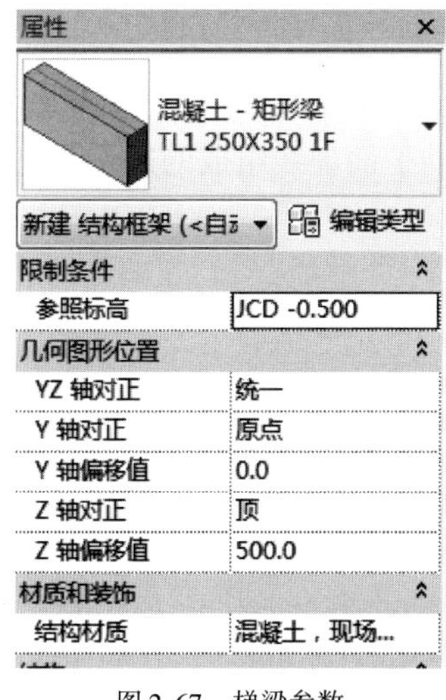

图2-67　梯梁参数

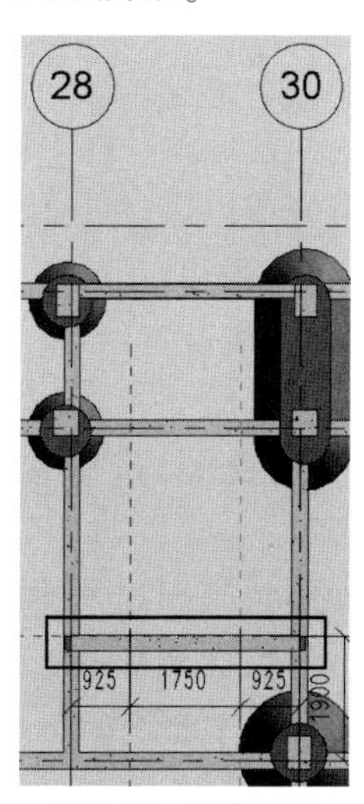

图2-68　创建梯梁

切换到“1F 0.000”标高视图,定义梁类型为“PTL1 200×350”,将属性栏中“Z 轴偏移值”更改为“1800”,绘制梁Ⓕ~Ⓖ→㉘,Ⓕ~Ⓖ→㉚。最终绘制结果如图 2-69 所示。

楼梯支承系统完成创建以后,创建梯段、楼梯平台和扶手栏杆。

保持在“1F 0.000”平面视图,在距第一个辅助平面上方 3300mm 处再创建一个辅助平面,如图 2-70 所示。

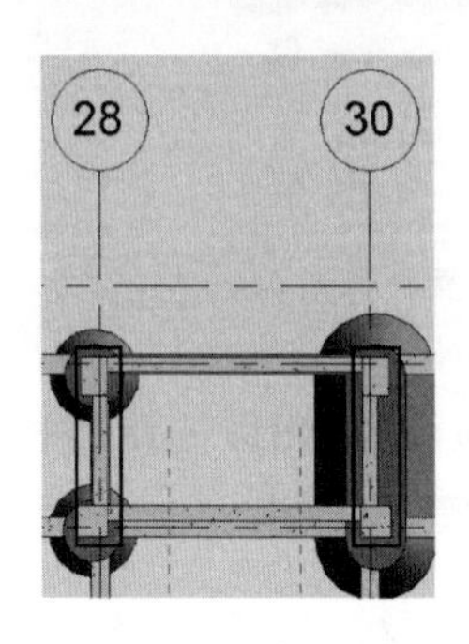

图 2-69　创建平台梁

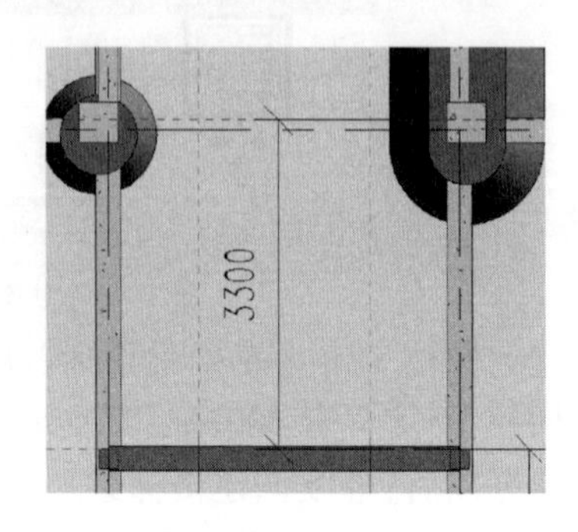

图 2-70　创建参照平面

依次点击“建筑→楼梯坡道→楼梯→楼梯(按构件)”,在属性下拉列表中选择“现场浇筑楼梯:整体浇筑楼梯”,按照图 2-71 和图 2-72 所示更改类型参数。

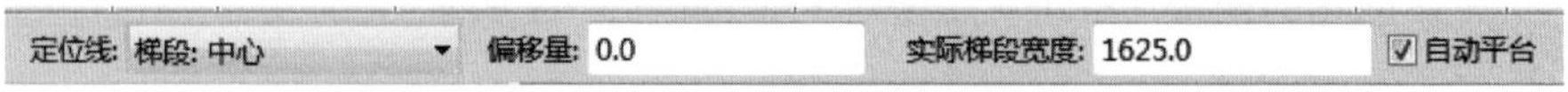

定位线: 梯段: 中心　偏移量: 0.0　实际梯段宽度: 1625.0　☑自动平台

图 2-71　梯段创建参数(一)

参数设置完成以后,点击由四条辅助平面虚线组成的矩形的左下角,再依次点击左上角、右上角和右下角。

此时,楼梯完成基本绘制。点击“模式”中的绿勾,忽略警告,完成绘制,如图 2-73 所示。

切换到三维视图,选中楼梯外边缘的护栏,按“delete”键删除护栏,如图 2-74 所示。

继续切换到一层(1F)平面,选中楼梯,双击进入楼梯编辑状态,选中平台板,点击“修改→创建楼梯→工具→转换”(图 2-75)。

再点击“修改→创建楼梯→工具→编辑草图”(图 2-76),出现平台板的边缘线(图 2-77)。

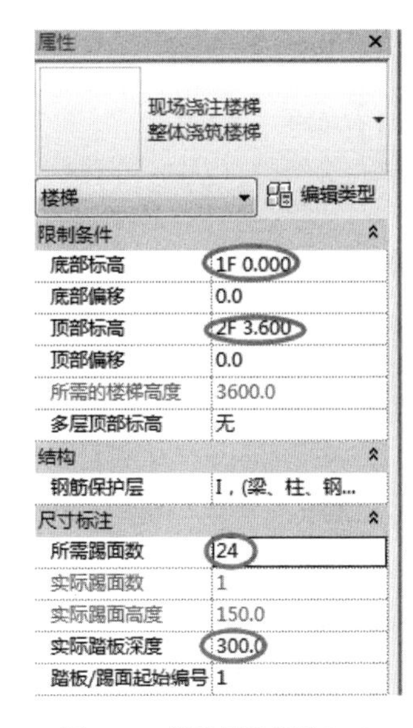

图 2-72　梯段创建参数(二)

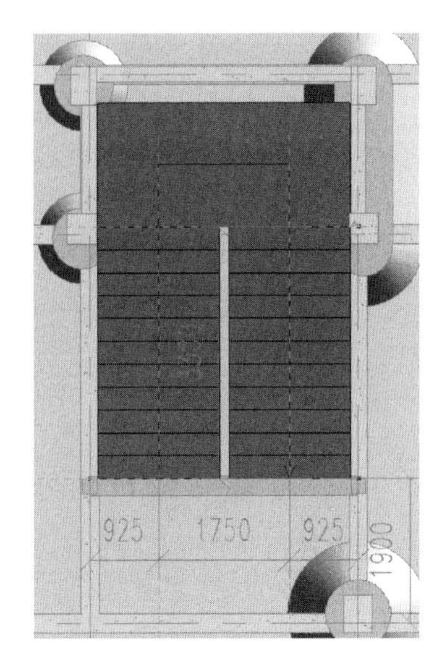

图 2-73　创建梯段

图 2-74　删除栏杆

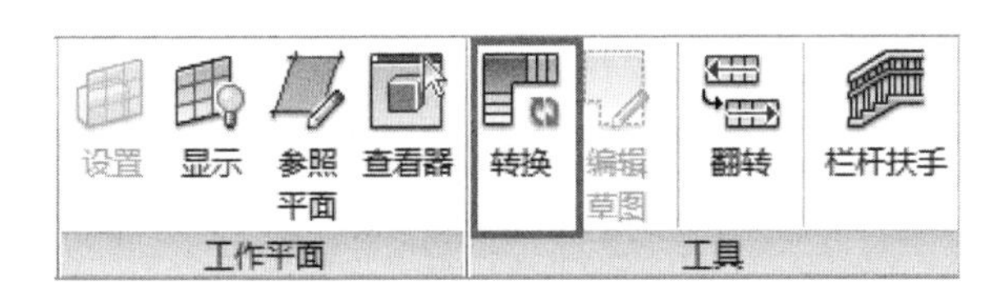

图 2-75　编辑平台板(一)

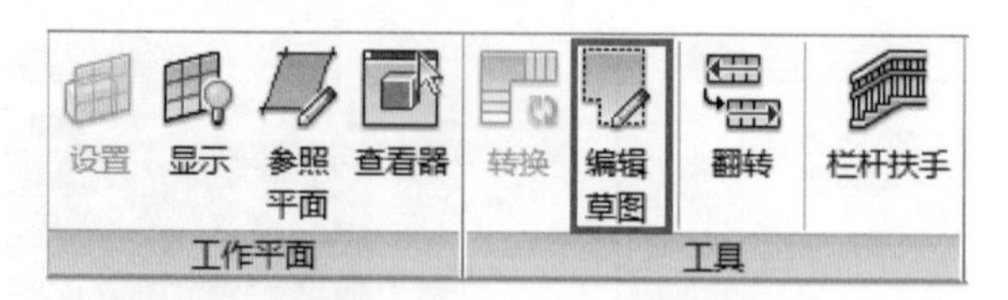

图 2-76　编辑平台板(二)

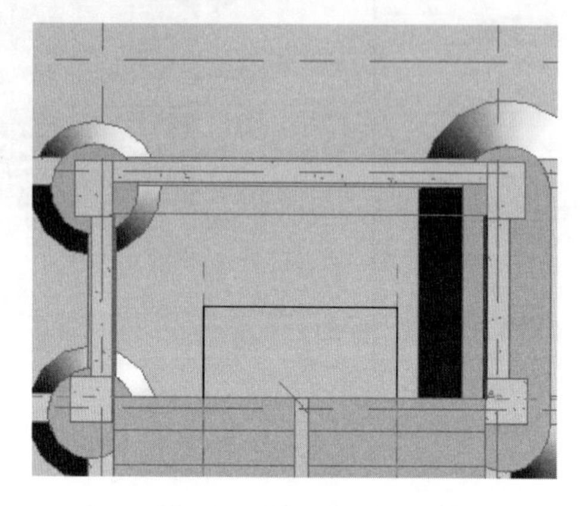

图 2-77　编辑平台板(三)

选择"修改→创建楼梯→修改→对齐"命令,将平台板左、上、右三条边的边缘线与对应梁内边缘线对齐。点击两次"模式"中的绿勾完成编辑。此步操作是为消除软件自动生成的中间平台板与梁之间的缝隙。

切换到三维视图,按住"Ctrl"键,用鼠标左键选中上述创建的楼梯、栏杆、PTL1、平台板。注意不要选中创建的 TL1 和 TZ1。

点击"修改→选择多个→创建→创建组",在弹出的"创建模型组"对话框中输入"2 号楼梯",点击"确定",如图 2-78 和图 2-79 所示。

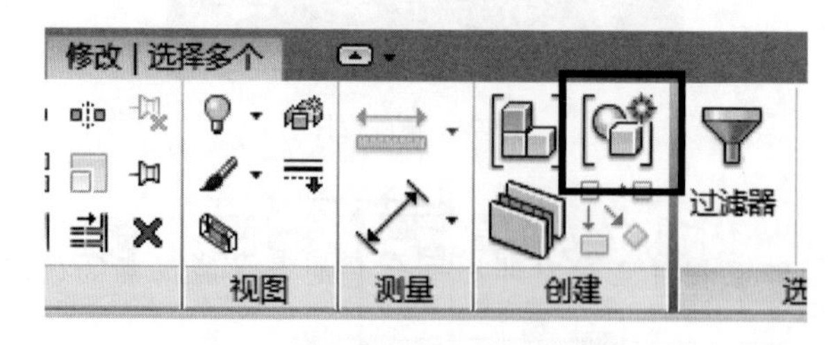

图 2-78　模型组命令

保持选中状态,点击"修改→模型组→剪贴板→复制到剪贴板",采用前述楼层复制结构梁的方法,将创建好的首层楼梯组复制到二、三、四、五层。

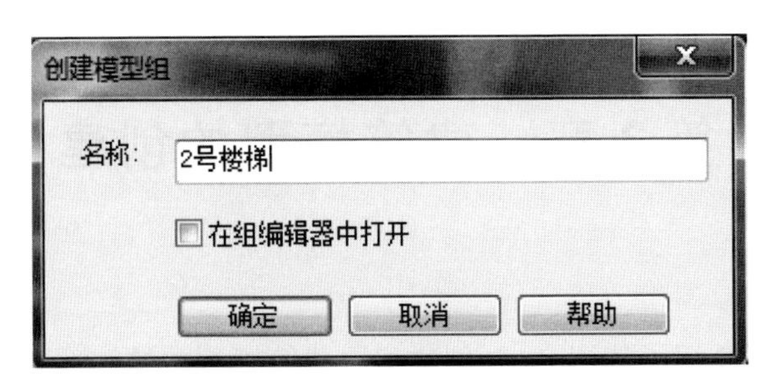

图 2-79　命名模型组

2 号楼梯创建结束。

采用相同的方法,绘制 1 号楼梯。

拓展:

(1)在创建楼梯之前,需要对楼梯的构造组成有非常清晰的认识。楼梯相对于房屋整体结构来说,有较为独立的结构组成,但又与整体结构密不可分。楼梯的组成主要有梯柱、梯梁、平台梁、梯段、平台板以及护栏 6 个部分。独立的梯柱、梯梁与部分结构柱、结构梁形成一个小框架,用以支承楼梯梯段和平台板传来的重量。因此在创建过程中,必须明确楼梯的组成,清楚了解各部分的支承关系、标高及位置;在绘制过程中,要思路明确,采用先柱、再梁、再楼梯的顺序,才能思路清晰地完成楼梯创建。

(2)2 号楼梯,其起始点标高是首层地面,即 ±0.000 处;平台板标高一二层高度终点,即 1.800 处;终点为二层楼面,即 3.600 处。

(3)首层地面起点处,梯段没有支承点,所以需要创建一个小框架(两个 TZ1 和一根 TL1 组成),用以支承梯段起点;第一个梯段终点处,有结构梁“KL12(8)”及结构柱“KZ5”“KZ5a”组成的框架支承梯段终点;而“KZ5”“KZ5a”“KZ4a”“KL12(8)”“KL13(8)”并没有形成完整的框架支承平台板,因此补充图 2-69 所示两根平台梁,形成封闭完整的小框架,支承该处平台板。以上梁、柱名称为 CAD 图纸中构件名称。

(4)二层梯段终点处的支承由房屋结构梁、柱提供。

思考:

(1)一层至二层楼梯竖向中部的平台梁是否只能在标高视图“1F 0.000”中创建?

(2)在绘制梯段的时候,如果采用“建筑→楼梯坡道→楼梯→楼梯(按草图)”,该如何绘制?

第3章　建筑模型的创建

第2章主要介绍了使用Revit创建房屋建筑模型中结构部分的方法，本章将介绍模型中建筑部分的创建方法。

本书将模型分为结构模型和建筑模型两个部分进行创建，但创建的过程并不将模型分开，而是在同一个样板中进行。因此，在创建模型的过程中会遇到许多关于样板兼容性的问题，读者在使用本书学习的过程中，对其中的诸多关键之处，需多加注意积累。

本书在创建结构模型时，选择的项目样板为"结构样板"，若在已经创建好的结构模型基础上进行建筑模型的创建，大多数的建筑模型构件将不可见。因此在每切换到一个视图的时候，首先需要按照图3-1所示，将"规程"中的"结

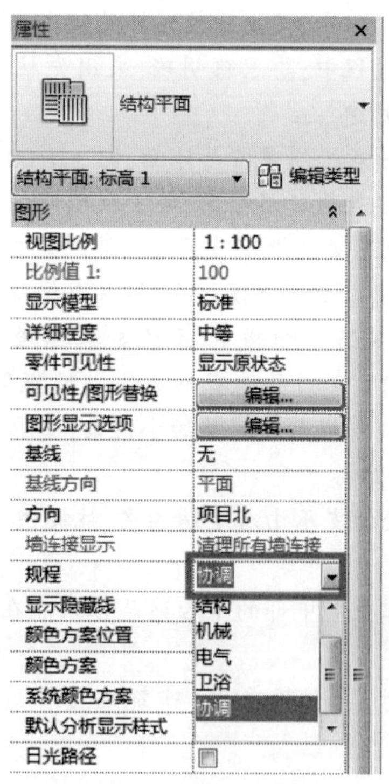

图3-1　修改视图规程

构”更改为“协调”。注意,每个视图都需要更改。关于视图的基本属性,详见本书第 5.2 节。

在实际的房屋建筑中,结构及其构件主要起承受荷载、保证房屋安全的作用;建筑及其构件主要起功能划分、表达房屋用途的作用。本书讲述的 Revit 模型创建方法,是依据房屋建筑实际构造组成进行的。建筑的相应构件应该支承于结构的构件之上。在后续的建筑模型创建过程中,应该把握这个原则。

3.1　建筑墙体的创建

建筑墙体是建筑模型主要组成构件之一。墙体在 Revit 中主要分为结构墙、建筑墙,其差别在此不做阐述,读者可根据实际需要进行研究。一般情况下根据专业选择即可。所有建筑构件在创建的时候应沿着结构构件边缘进行,在水平向(X、Y 向)和标高向(Z 向)都应该如此。墙体也如此。

墙体在本书提供的样板文件中,其命名举例为“WQ-200-BZF”,表示“外墙-厚度-标准层”。读者可以使用本书样板文件提供的墙体进行操作,也可以按照下述操作中的方法,先定义,再放置墙体。

墙体的创建与柱的创建较为相似,主要把握三个关键点:墙体标高、墙体厚度和放置方式。本书仅以部分墙体创建过程为例进行讲解,其他部位墙体创建过程相同。具体操作如下:

将视图切换到平面“1F 0.000”,首先更改“规程”至“协调”。

然后依次点击“建筑→墙→墙:建筑”,在属性栏下拉列表中任意选择一种墙体,本书以“基本墙 常规 - 200mm”为例。点击“编辑类型”,再点击“复制”,将墙体名字更改为“外墙-200-1F”。(注意,这里由于需要的墙体厚度是200mm,与所选择墙体厚度相同,故没有更改墙体厚度的操作)

在功能选项卡中,将放置方式更改为“高度”,顶部标高更改为“2F 3.600”,“定位线”更改为“墙中心线”,将属性栏中“顶部偏移”更改为“ - 550”,如图 3-2 和图 3-3 所示。

图 3-2　墙体创建参数(一)

单击轴线①与Ⓑ交点处柱的上边缘与轴线①的交点,作为墙体的起点;继续单击轴线①与Ⓒ交点处柱的下边缘与轴线①的交点,作为墙体的终点,然后单击鼠标右键选择取消,或者按“Esc”键取消。

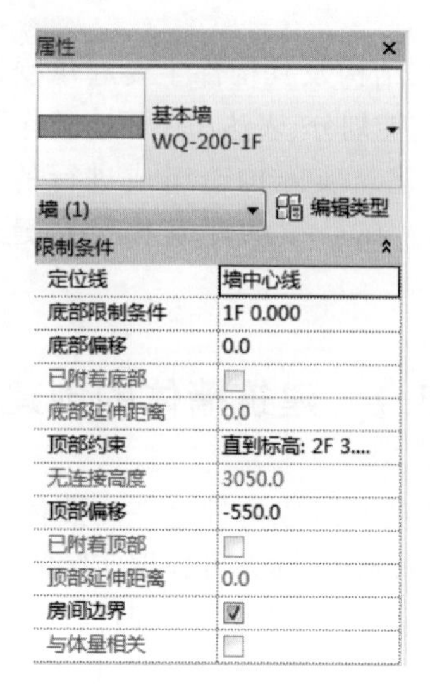

图 3-3　墙体创建参数(二)

再次单击轴线①与Ⓒ交点处柱的上边缘与轴线的交点,单击轴线①与Ⓓ交点处柱的下边缘与轴线的交点,按一次 “Esc”键。

继续点击轴线①与Ⓔ交点处柱的上边缘与轴线的交点,以及轴线①与Ⓖ交点处柱的下边缘,按一次“Esc”键。

再次点击轴线①与Ⓖ交点处柱的上边缘,轴线①与Ⓗ的交点,以及轴线④与Ⓗ的交点,点击轴线④与Ⓖ交点处柱的上边缘,最后按两次“Esc”键退出墙体绘制。此处绘制了六段外墙,如图 3-4 所示。

在上述墙体创建过程中,“顶部偏移-550”是保证墙体顶部在二层结构梁的正下方,不嵌入二层结构之中,因此上述示例中的墙体正上方的结构梁截面高度均为 550mm。水平方向的尺寸均沿柱边缘进行创建,不嵌入结构柱中。这与本节开始阐述的建筑构件的创建应沿着结构构件边缘进行的原则一致。

再次切换到墙体绘制命令,选择墙体,点击“编辑类型”,再点击“复制”,将墙体名字更改为“内墙-200-1F”,并将功能一栏更改为“内部”(图 3-5)。将功能选项卡的墙体放置方式更改为与外墙一致,并将属性栏“顶部偏移”一栏更改为“ –400”。然后绘制Ⓔ ~ Ⓖ→④段的墙体,如图 3-4 所示。

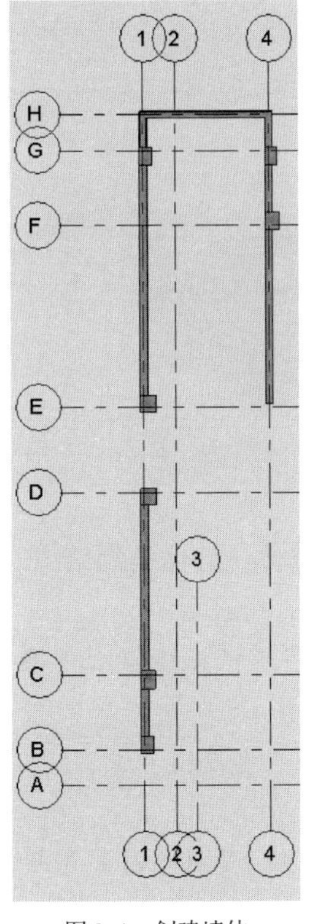

图 3-4　创建墙体

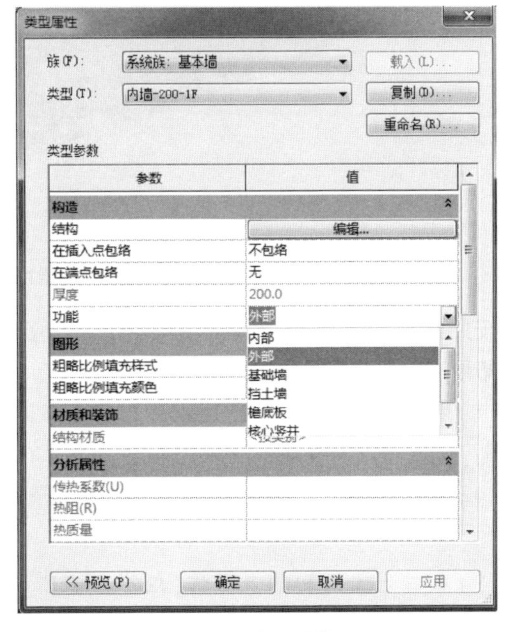

图 3-5　定义墙体

最后,按照建筑施工图"一层平面图",采用上述方式,绘制剩余墙体。结果如图 3-6 所示,三维效果如图 3-7 所示。

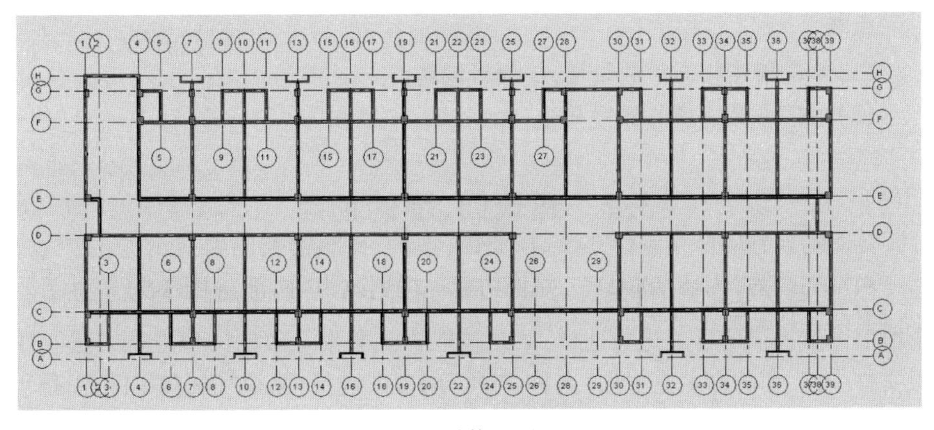

图 3-6　墙体平面视图

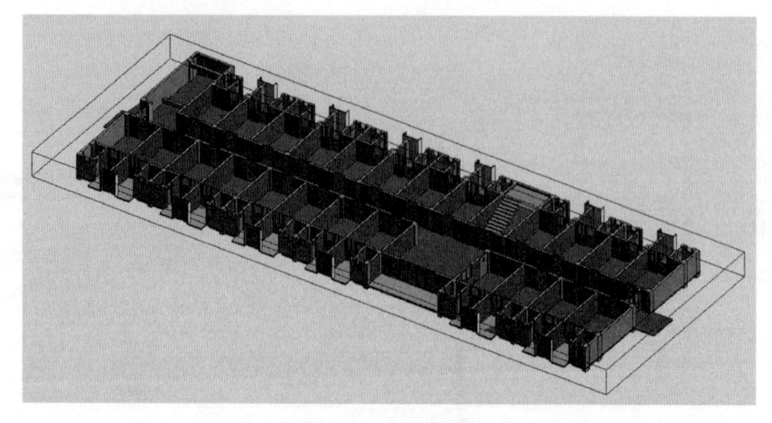

图 3-7 墙体三维视图

按照建筑图纸中相应的平面图,绘制相应楼层的墙体。墙体绘制结束。

拓展:

(1)墙体绘制过程中,属性栏中的"顶部偏移"数字应根据墙体上部梁的高度确定;当墙体顶部是楼板时,可根据项目具体要求调整。

(2)外墙的绘制具有方向性,从左向右绘制时,上方为外墙外侧,下方为外墙内侧。

(3)本书为方便初学者操作,在首层墙体绘制结束后,可以暂时不用绘制二至六层的墙体。待后续门窗创建结束以后,采用层间复制进行绘制。

(4)在实习项目中,建筑模型是否沿着结构边缘进行绘制,可根据具体要求的模型精度进行选择。一般情况下,可以按本书采用的原则进行,但当模型精度要求较低时,可直接拉通绘制墙体或其他建筑构件,无须按照上述原则。

思考:

(1)如果墙体标高绘制错误,该如何修改?

(2)如何设置墙体的装饰层?

3.2 建筑门、窗的创建

门、窗是房屋建筑中的水平交通构件。本书样板文件中的门、窗类型并未完全按照图纸提供的样式进行选择,而是选取样式基本一致的类型进行创建。样板文件中门、窗的命名是根据"名称-材质"的方式进行,例如"C0612 白色普通金属窗框",字母部分为图纸上对窗的命名,文字部分为窗框材质。

门、窗的创建有三个关键点:门、窗的尺寸,门、窗的标高,门、窗的水平定位。本书仅以部分门、窗创建过程为例进行讲解,其他部位门、窗创建过程相同。

门、窗具体创建过程如下:

将视图切换到“1F 0.000”,依次点击“建筑→门”,在门下拉列表中,选择“单嵌板镶玻璃门 9 M1027-木质夹板节能外门”。

将鼠标移动到墙体Ⓔ→④～⑦上,上下小幅移动鼠标确定门的开向,左右小幅移动鼠标以确定门在墙上的位置,然后点击鼠标左键,按两下“Esc”键退出门创建命令。

门放置完成以后,可以选中门构件,此时会出现门构件的临时标注尺寸。如果门位置在放置时有误差,可以调整临时标注尺寸来进行修改,如图 3-8 所示。

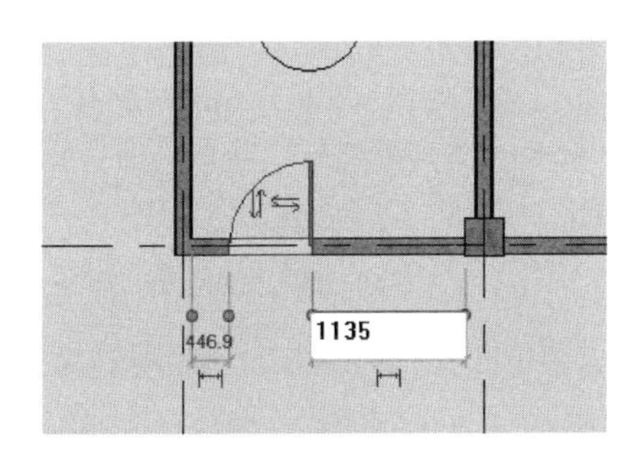

图 3-8　调整门定位

如果门的方向放置错误,可以选中门构件,通过敲击键盘空格键进行调整。

首层门放置完整后的平面如图 3-9 所示。

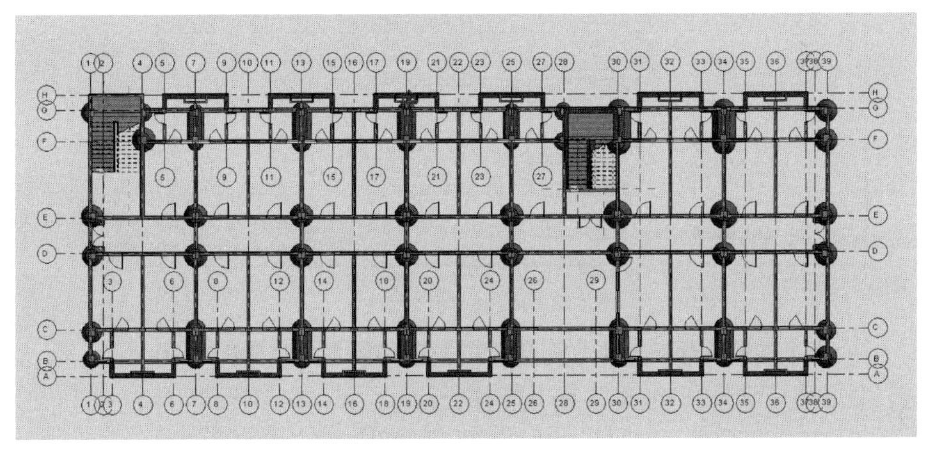

图 3-9　门平面布置图

继续选择命令“建筑→窗”，点击属性菜单栏中“编辑属性”，点击“载入”，在“打开”对话框中，选择路径“建筑→窗→普通窗→固定窗”，如图 3-10 所示。

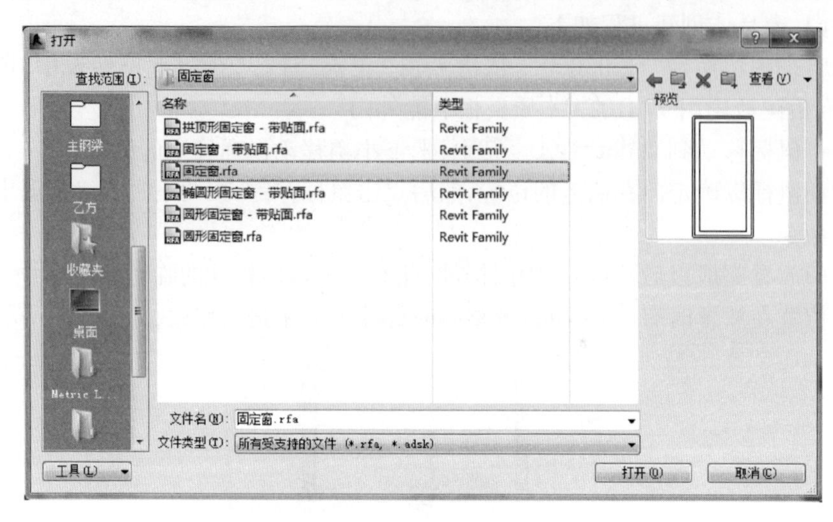

图 3-10　载入窗族

然后单击选中“固定窗. rfa”，点击“打开”，在弹出的制定类型对话框中，点击“确定”，如图 3-11 所示。

指定类型

族: 固定窗.rfa

类型:

类型	宽度	高度	默认窗台高度
	(全部)	(全部)	(全部)
400 x 600mm	400.0	600.0	1500.0
400 x 1200m	400.0	1200.0	900.0
400 x 1800m	400.0	1800.0	300.0
600 x 600mm	600.0	600.0	1500.0
600 x 1200m	600.0	1200.0	900.0
600 x 1800m	600.0	1800.0	300.0
900 x 600mm	900.0	600.0	1500.0
900 x 1200m	900.0	1200.0	900.0
900 x 1800m	900.0	1800.0	300.0

在右侧框中为左侧列出的每个族选择一个或多个类型　确定　取消　帮助

图 3-11　固定窗类型表

在“类型属性”对话框中“类型”下拉列表中，选择“600 × 1200”，点击“复制”，将名称更改为“C-0612”，点击“确定”。

将属性菜单栏中“底高度”更改为“900”，如图 3-12 所示。

将鼠标移动到墙体Ⓖ→④～⑤上，在墙体正中心点击鼠标左键放置 C0612。

窗的位置和方向，可以采用跟门相同的方式进行调整。窗的放置如图 3-13 所示。

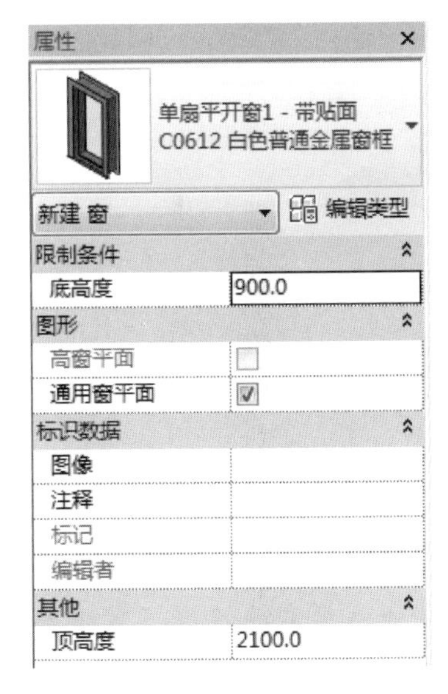

图 3-12　窗底标高

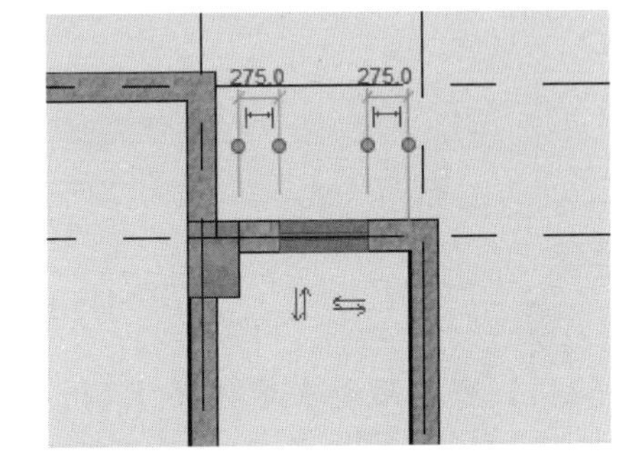

图 3-13　调整窗定位

最后，根据"一层平面图"，选择并设置合适的门、窗类型，创建首层所有门窗，如图 3-14 和图 3-15 所示。门、窗创建结束。

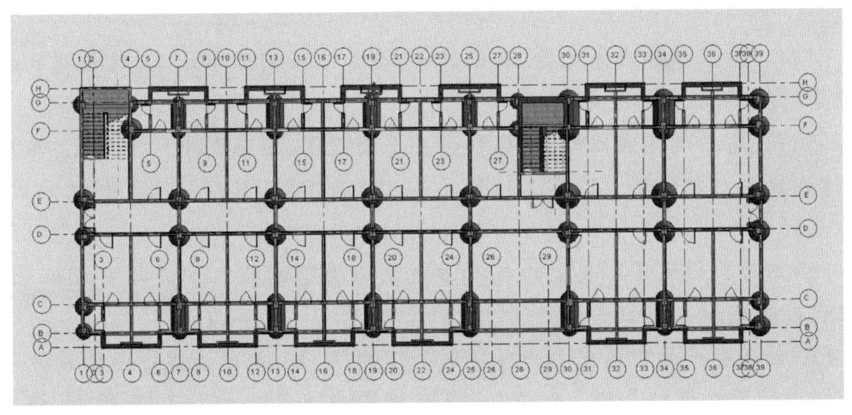

图 3-14　窗平面视图

拓展：

(1) 门、窗的绘制放置基本相同。不同点在于"底部高度"，门的底部高度一般为 0，窗的底部高度随窗位置的不同而定。

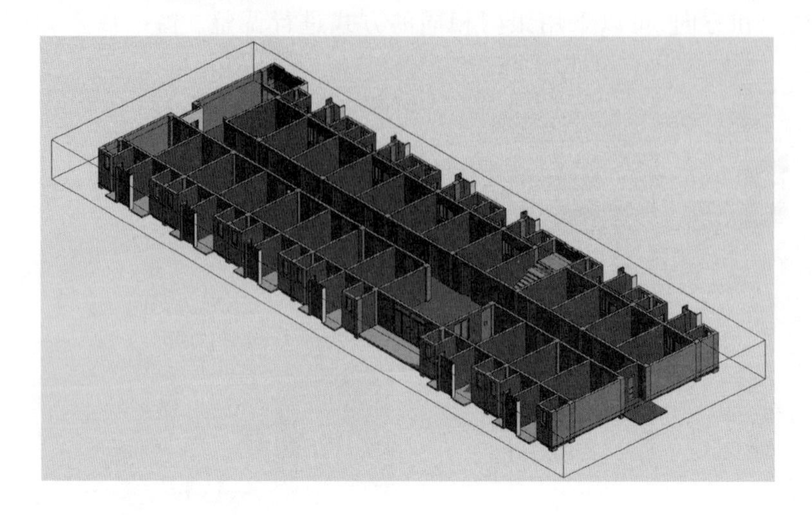

图 3-15　门窗三维视图

(2)门、窗是附着在墙体之上的,必须要在墙体存在的情况下才能绘制,没有墙体,门、窗无法单独放置到项目中去。门、窗放置以后会自动剪切掉墙体。

(3)临时标注尺寸的基点不是确定的。可以用鼠标左键按住临时标注的尺寸界线,将基点拖动到需要的地方。此处不做详细介绍,读者可以自行研究。

(4)门、窗是单调重复构件,在创建时,应该多采用复制命令,对相同的构件进行复制,以增加建模效率。

(5)门、窗绘制完成以后,切换到一层平面视图,框选图中所有图元,然后选择"过滤器",只勾选墙、门、窗三种构件,点击"确定"。采用层间复制的方式,创建二至六层的门、窗。

(6)本节只讲述了窗类型的载入方式。门类型的载入方式与窗相似,读者可以自行尝试。

(7)如果在平面视图中无法观察到创建的门、窗,是因为视图范围设置不正确。视图范围的调整是为了保证门、窗在视图中可见。如图 3-16 所示,视图范围的剖切面没有剖切到门、窗,则门、窗虽然放置在了墙上,但在视图中依然无法看到门、窗。视图范围的具体设计见本书第 5.2 节。

思考:

如果载入的门、窗中没有需要的尺寸,该怎么处理?

图 3-16　调整视图范围

3.3　建筑楼板的创建

楼板在 Revit 中分为结构板和建筑板,创建方式基本相同。比较明显的区别在于,结构板在创建结束以后,平面视图中会出现一个十字交叉的板跨符号,而建筑板一般没有。本书提供的样板文件中,建筑板的命名示例为“JZB-50mm-地砖楼面-阳台”,表示“建筑板-厚度-材质-位置”。建筑板的定义方式与结构板相同,本书不再做讲解,读者可选择直接使用样板文件中的板类型进行创建,也可以自行定义进行创建。

建筑板的创建具体操作如下:

将视图切换到一层(1F)。依次点击“建筑→楼板→楼板:建筑”,在属性菜单栏中选择“楼板 JZB-131mm-地面-卫生间”,将“自标高的高度偏移”更改为“-250”,然后沿着房间的墙体及柱的边缘,绘制图 3-17 所示的楼板边界。

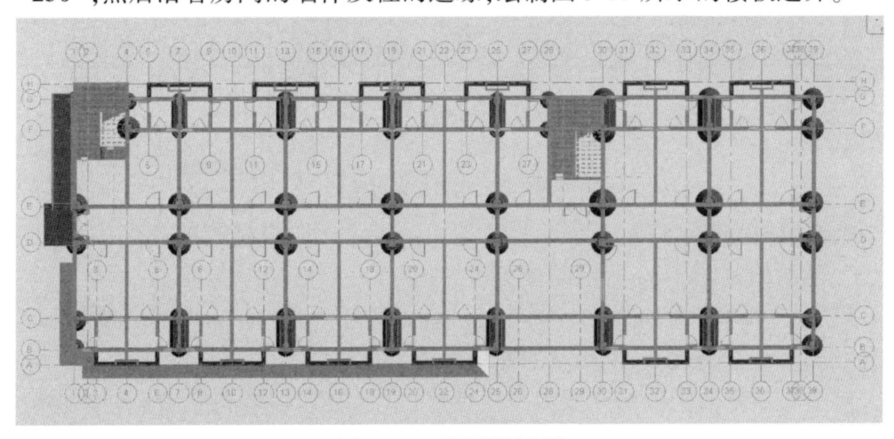

图 3-17　卫生间楼板边界

重复建筑楼板绘制命令，选择“楼板 JZB-100mm-地面-走廊”，将“自标高的高度偏移”更改为“－50”。同理，沿着墙体及柱的边缘，绘制图 3-18 所示的楼板边界。

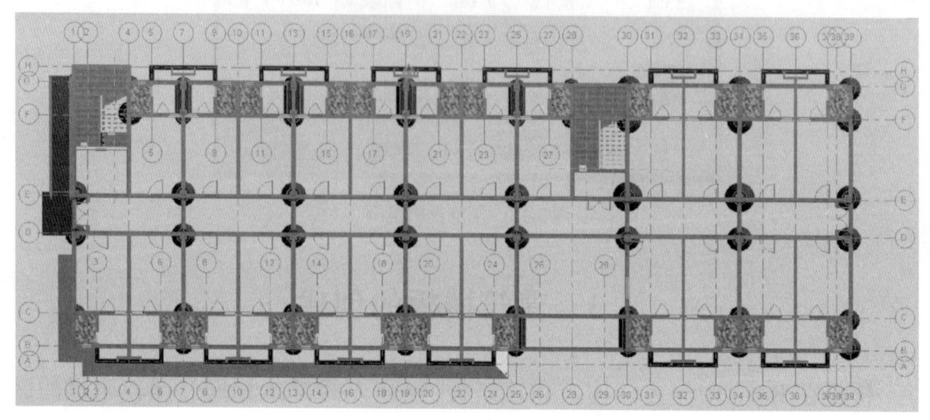

图 3-18　走廊楼板边界

选择楼板“楼板 JZB-123mm-地面-房间”，将“自标高的高度偏移”更改为“50”，然后绘制图 3-19 所示的楼板边界。注意，楼板在门位置的绘制方式。

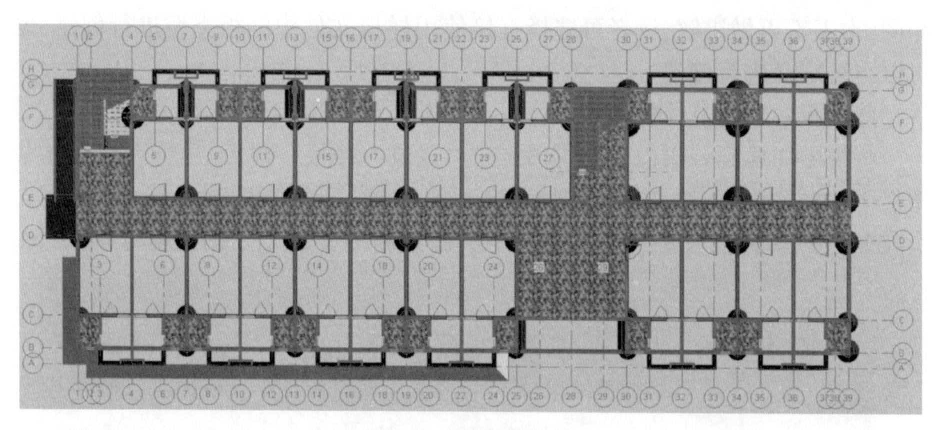

图 3-19　房间楼板边界

选择楼板“楼板 JZB-131mm-地砖地面-阳台”，将“自标高的高度偏移”更改为“0”，然后绘制图 3-20 所示的楼板边界。

最后，选择“楼板 JZB-131mm-地砖地面-阳台”，将“自标高的高度偏移”更改为“0”，然后绘制图 3-21 所示的楼板边界。首层楼板绘制结束。

对于局部突出的楼梯间屋顶及屋顶层，本书对其墙体和屋面板创建进行单独的阐述。

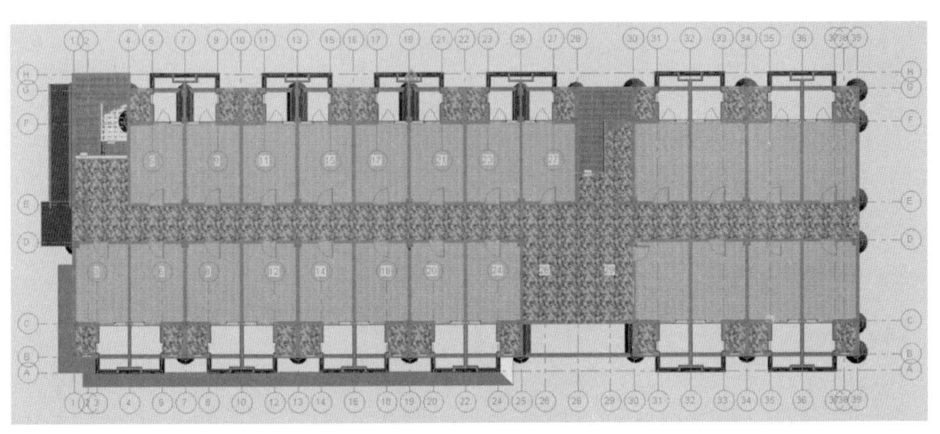

图 3-20　阳台楼板边界

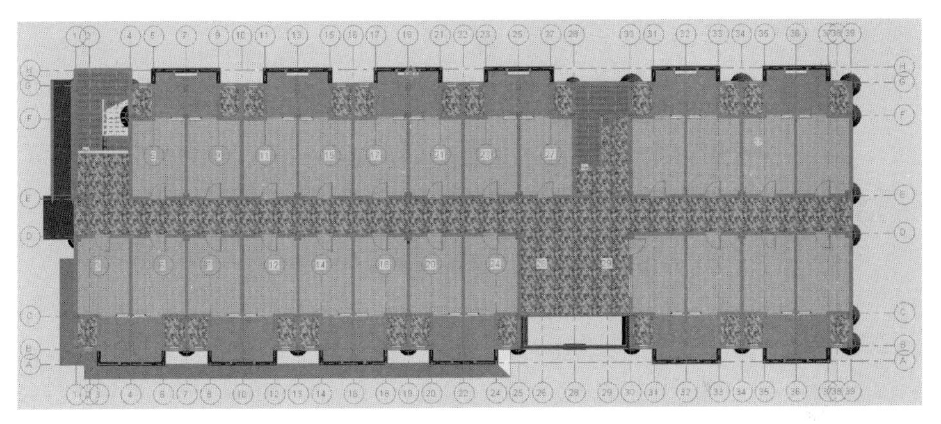

图 3-21　台阶平台板边界

屋顶层屋面结构板及屋顶板创建如下：

将视图切换到“WF 21.600”平面视图。依次点击“建筑→墙→墙：建筑”，在属性下拉列表中，选择墙体类型“WQ-200-WF”，将功能选项卡中墙体方式更改为“高度”，墙体顶标高更改为“楼梯间顶 24.900”，然后绘制图 3-22 所示范围的墙体，单击“Esc”键退出。

在属性下拉列表中，选中墙体类型“女儿墙-200-WF”，将墙体顶标高更改为“女儿墙顶 23.100”，再根据建筑平面图“屋顶层平面图”沿建筑最外围绘制女儿墙，然后双击“Esc”键退出墙体绘制。

依次点击“结构→楼板→楼板：结构”，在属性下拉列表中选择“JGB-120mm-WF”，将属性栏中“自标高的高度偏移”更改为“0”，然后绘制图 3-23 所示楼板边界，单击“模式”中的绿勾完成屋顶层结构板的绘制。

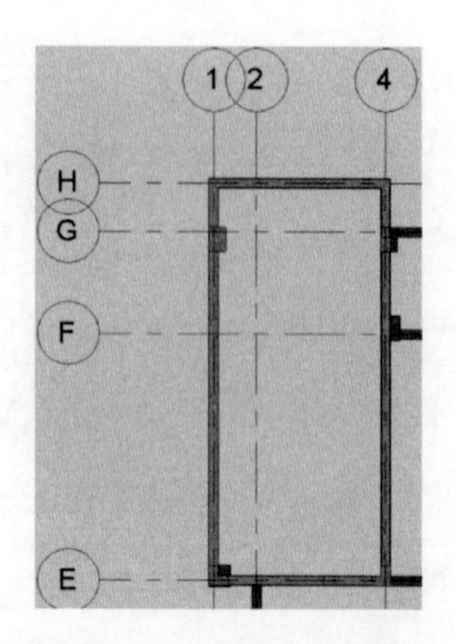

图 3-22　突出屋顶楼梯间墙体

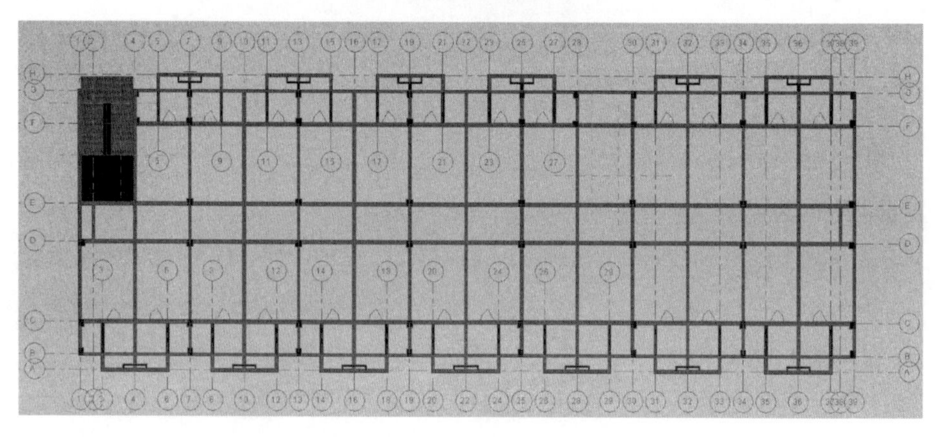

图 3-23　屋顶层结构板边界

屋顶在 Revit 中有单独的命令，其具体创建过程如下：

依次点击“建筑→屋顶→迹线屋顶”，在属性下拉列表中选择“基本屋顶 宿舍楼屋顶 116mm”。

将属性栏中的“自标高的底部偏移”更改为“116”，然后依次点击“修改→编辑迹线→绘制→直线”（图 3-24）。

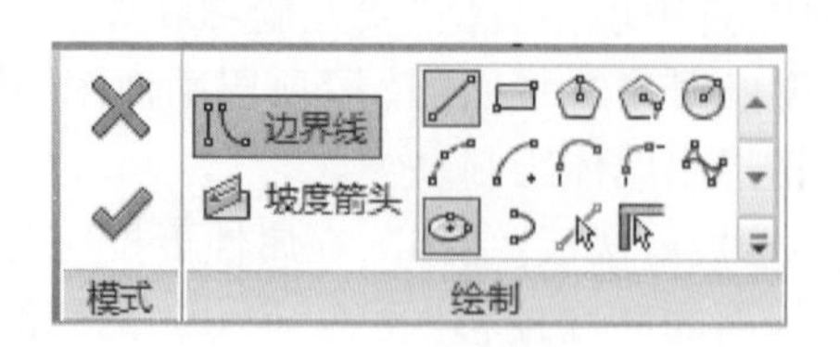

图 3-24　绘制屋顶命令

将功能选项卡中“定义坡度”前的勾去掉(图 3-25),然后绘制图 3-26 所示范围的屋顶边界线。

定义坡度　☑链　偏移量: 0.0　半径: 1000.0

图 3-25　定义坡度

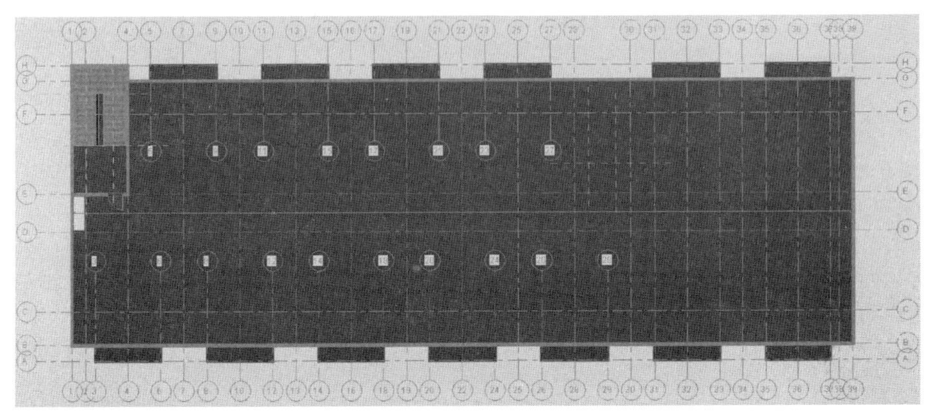

图 3-26　平屋顶边界

局部突出部分屋顶屋面结构板和屋顶板的创建如下:

切换视图到“楼梯间顶 24.900”,依次点击“结构→楼板→楼板:结构”,在属性下拉列表中选择“楼板 JGB-100mm-楼梯间顶”,然后沿着结构梁的外边缘,绘制图 3-27 所示范围楼板边界,点击“模式”中的绿勾完成绘制。结果如图 3-28 所示。

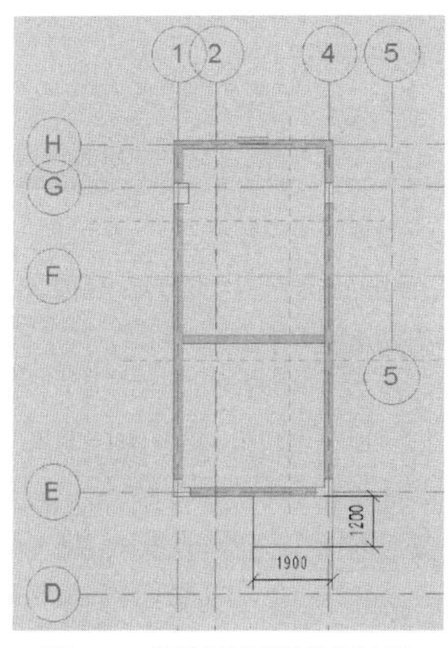

图 3-27　楼梯间屋顶结构板边界

图 3-28　楼梯间屋顶结构板三维视图

将视图切换到三维视图，依次点击“建筑→屋顶→拉伸屋顶”，在弹出的“工作平面”对话框中，选择“拾取一个平面”，点击“确定”，如图 3-29 所示。

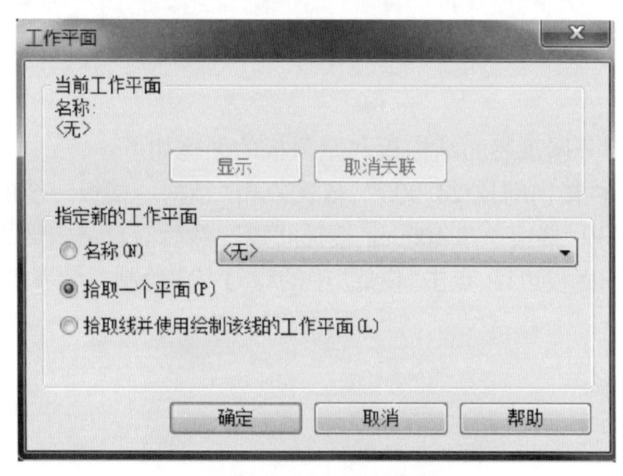

图 3-29　拾取工作平面

鼠标左键拾取图 3-28 所示屋面突出部分结构顶面横向长梁的侧面，在弹出的“屋顶参照标高和偏移”对话框中，将“标高”选择为“楼梯间顶 24.900”（图 3-30），点击“确定”。

在属性下拉列表中选择“基本屋顶 宿舍楼屋顶 116mm”，并将视图切换到西立面。依次点击“修改→创建拉伸屋顶轮廓→绘制→拾取线”，如图 3-31 所示。将功能选项卡中“偏移量”更改为“116”，如图 3-32 所示。然后在绘图区域，沿楼梯间结构板的上边缘线，绘制一条水平线段，点击模式中的勾完成绘制，如图 3-33 所示。

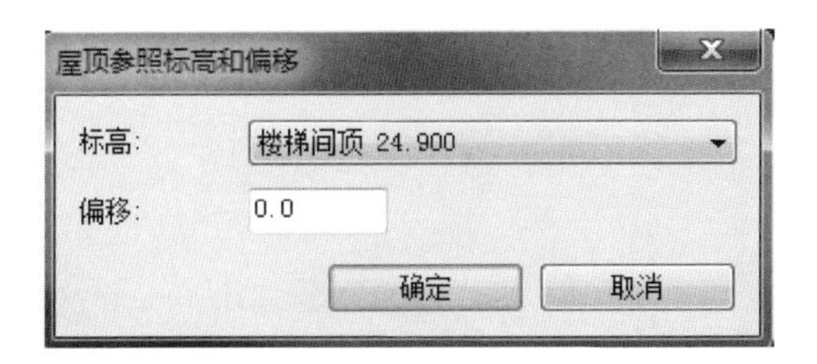

图 3-30　选择屋顶创建标高

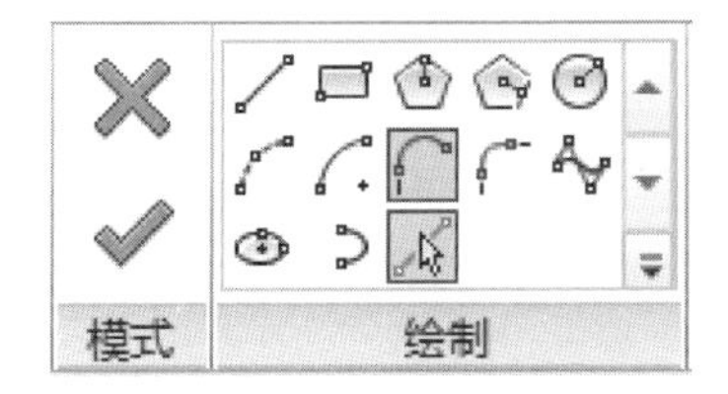

图 3-31　拾取线命令

图 3-32　拉伸屋顶板偏移量

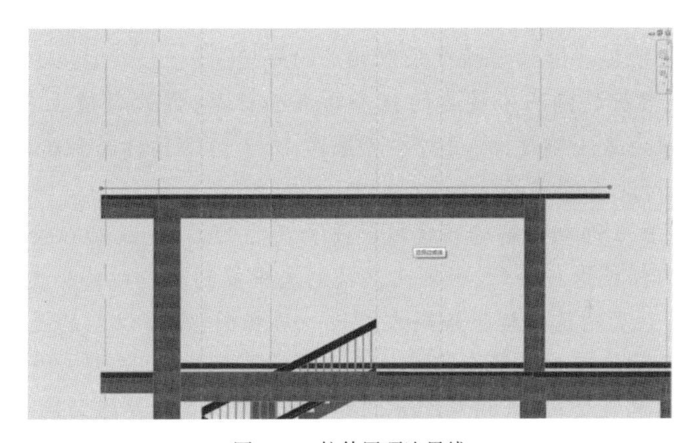

图 3-33　拉伸屋顶边界线

将视图切换到三维视图,会发现屋顶过长,如图 3-34 所示。

图 3-34　楼梯间屋顶

将视图切换到"楼梯间顶 24.900"平面,选中刚才绘制的屋顶,然后鼠标左键按住右方的三角形不放,向左拖动,直到正确的位置,如图 3-35 和图 3-36 所示。

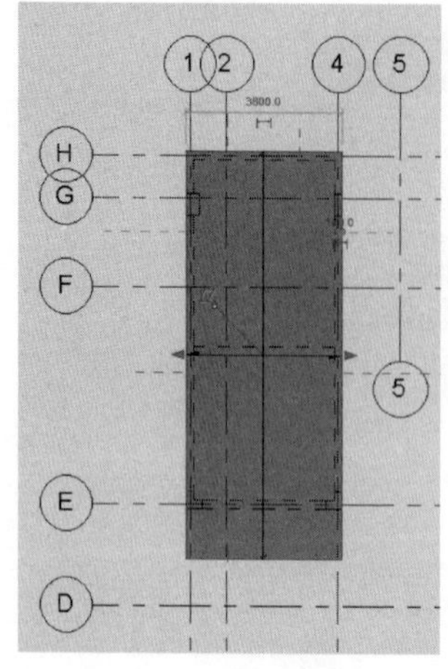

图 3-35　调整屋顶

图 3-36　屋顶三维视图

拓展：

(1)原则上，应该以房间内的墙体、结构构件边缘作为建筑楼板的边界。在创建过程中应根据实际模型精度采取相应的规定。

(2)建筑楼板的标高为最终的施工结束面标高，因此数值上会比结构标高大一些。本书为减小难度，方便初学者操作，并未对结构标高和建筑标高进行区分，但读者应对此有准确的认知。

(3)本节并未详细讲解建筑楼板材质和尺寸的设定，故而在绘制时，需要使用本书提供的样板进行绘制，否则无法找到文中提到的各种楼板类型。

(4)二至六层的建筑楼板绘制方式与一层相同，需要注意的是，不同位置楼板的标高以及楼板厚度可能会有差别。在标准层的情况下，可以先绘制二层，然后选中二层的建筑楼板，采用层间复制的方式，将二层的楼板复制到三至六层。

(5)本书对 Revit 屋顶创建过程进行了简单的介绍。由于使用图纸为平屋顶，若仅从外观考虑，屋顶的创建采用楼板命令同样可以，不用单独绘制屋顶。

思考：

(1)如何创建有坡度的楼板？

(2)如何创建坡屋顶？

3.4　室外台阶、坡道、护栏、散水的创建

Revit 中，对于散水等细部构件，软件并不存在可直接使用的模块，因此需要

采用族的形式进行自主创建。本节主要讲解内建族方式创建散水等构件。

3.4.1　创建室外台阶

将视图切换到“1F 0.000”，进入结构楼板绘制命令，选择楼板类型“JGB-100mm-BZ”，将“自标高的高度偏移”更改为“0”，在建筑右端出入口处，绘制图3-37所示范围楼板。

依次点击命令“建筑→构件→内建模型”，在弹出的“族类别和族参数”对话框中，选择“常规模型”，点击“确定”，如图3-38所示。

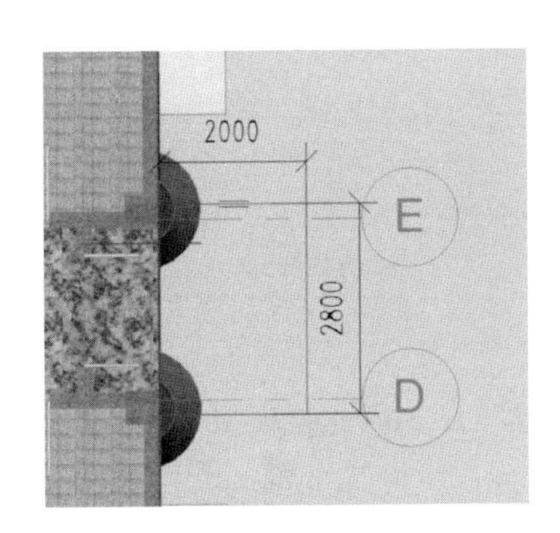

图3-37　室外台阶平台板(一)

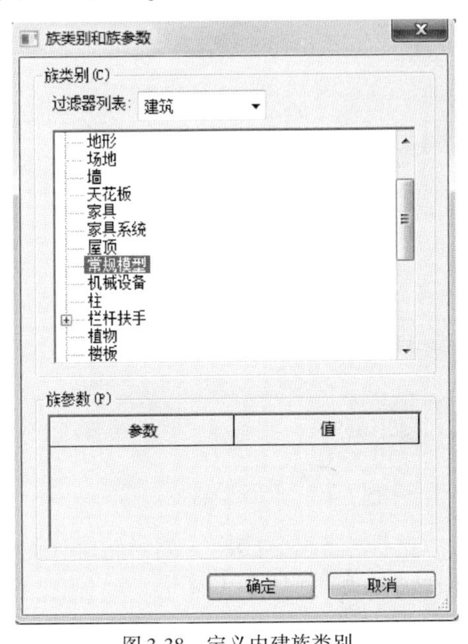

图3-38　定义内建族类别

将名称更改为“室外台阶1”，然后依次点击“创建→形状→放样”，如图3-39所示。

依次点击“修改→放样→放样→绘制路径”(图3-40)，然后在“绘制”命令列表中，选择拾取线，拾取刚才绘制的楼板的三条外边缘，如图3-41所示。

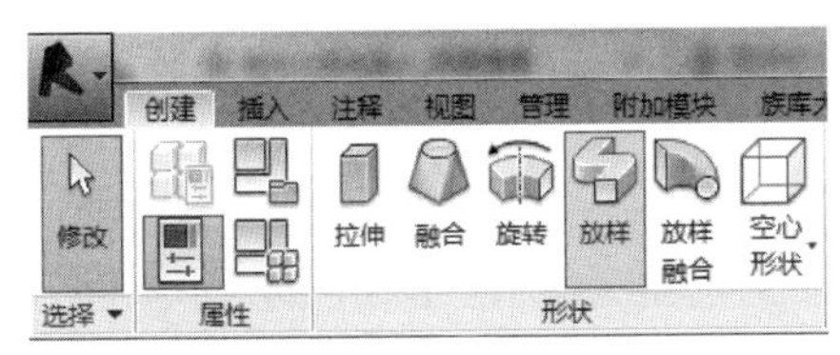

图3-39　放样命令

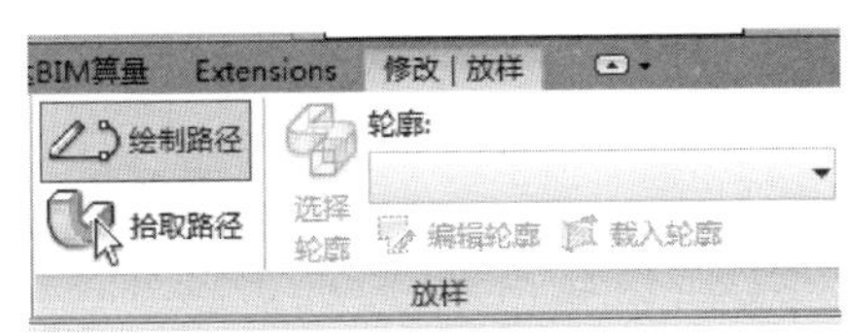

图3-40　绘制路径命令

点击“模式”中的绿勾，完成路径的绘制。

依次点击“创建→放样→放样→编辑轮廓”，在弹出的“转到视图”对话框中，选择“立面：东”，点击“打开视图”，此时视图切换到东立面，如图 3-42 所示。

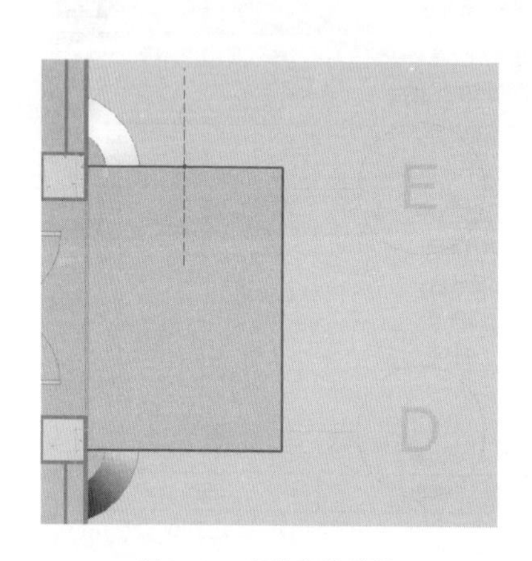

图 3-41　室外台阶路径

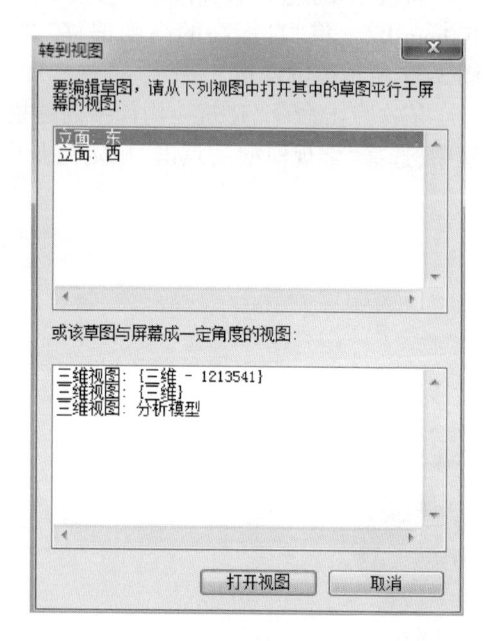

图 3-42　切换视图

选择“修改→放样 > 编辑轮廓→绘制→直线”（图 3-43），以模型中红色的小圆点为起点（软件中可显示），绘制图 3-44 所示的台阶形状轮廓。其中，台阶踏步高度为 150mm，踏步宽度为 300mm，踏步数量为 4 级。台阶最上一阶的顶面标高为 ±0.000。

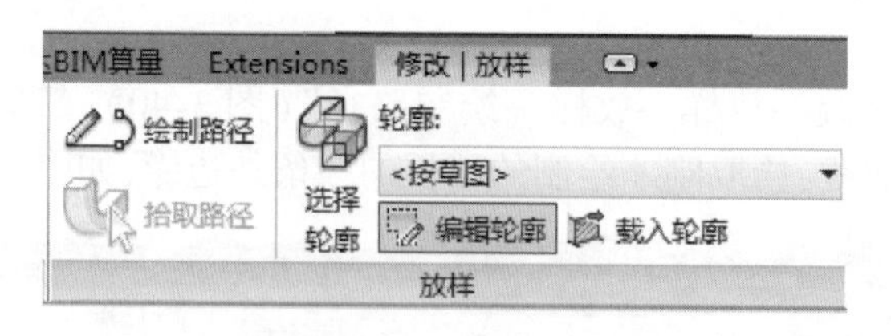

图 3-43　编辑轮廓命令

点击“模式”中的绿勾，再点击“模式”中的绿勾，然后点击“完成模型”，完成室外台阶布置。如图 3-45 所示。

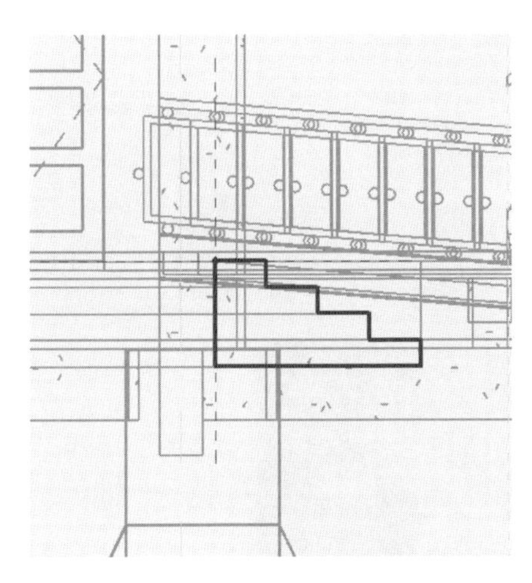

图 3-44　室外台阶轮廓

图 3-45　室外台阶三维视图

房屋右侧台阶创建完成以后，继续进行房屋左侧室外台阶的创建。在创建左侧台阶之前，需要先完成与左侧台阶相连接的坡道的创建。坡道可使用坡向楼板进行创建。

首先绘制台阶顶部平台板。将视图切换到一层（1F）平面，进入结构楼板绘制命令，选择楼板类型“JGB-100mm-BZ”，将“自标高的高度偏移”更改为“0”，在建筑左端出入口处，绘制图 3-46 所示范围楼板。

再次进入一层平面，进入结构楼板绘制命令，选择“JGB-100mm-BZ”，绘制图 3-47 所示楼板范围。

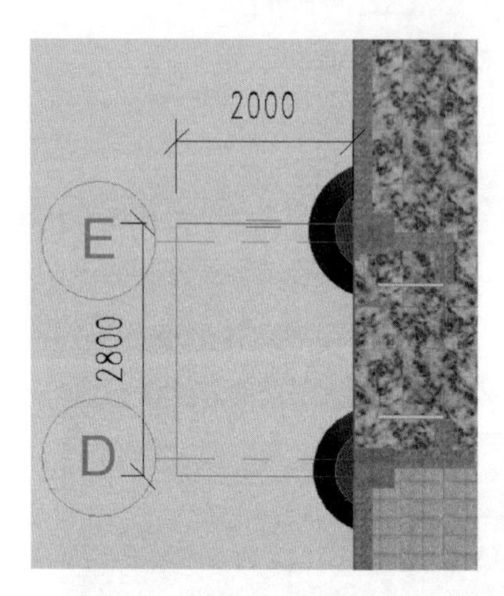

图 3-46　室外台阶平台板(二)

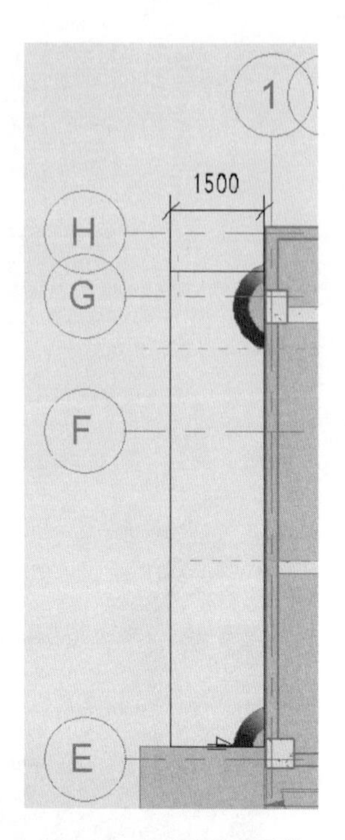

图 3-47　室外坡道边界线

选中楼板范围中的下边线,勾选功能菜单中的“定义坡度”(图 3-48),点击“模式”中的绿勾,完成坡道的创建。

图 3-48　定义坡道

将视图切至一层平面,依次点击“建筑→构件→内建模型”,将“族类别和族参数”选择为“常规模型”,点击“确定”;将名称更改为“室外台阶 2”,点击“确定”。

依次点击“创建→形状→放样”,选择“绘制路径”,再选择“直线”命令,绘制图 3-49 所示路径。点击“模式”中的绿勾,完成路径绘制。

点击“编辑轮廓”,选择“转到视图”中的“立面:西”,进入西立面。以视图中红色点为起点,绘制图 3-50 所示台阶轮廓。然后点击三次绿勾,完成绘制,如图 3-51 所示。

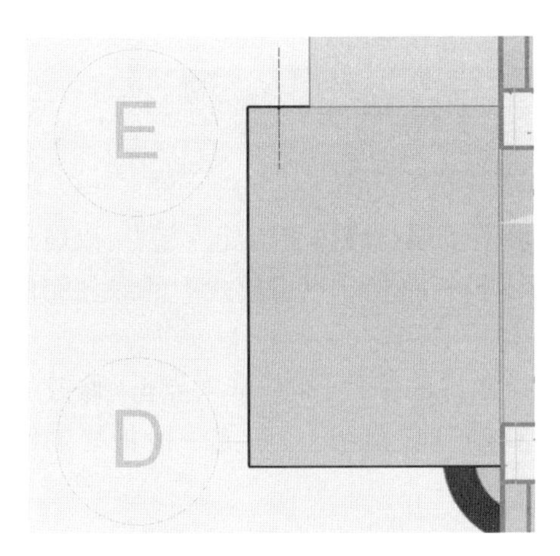

图 3-49　室外台阶路径

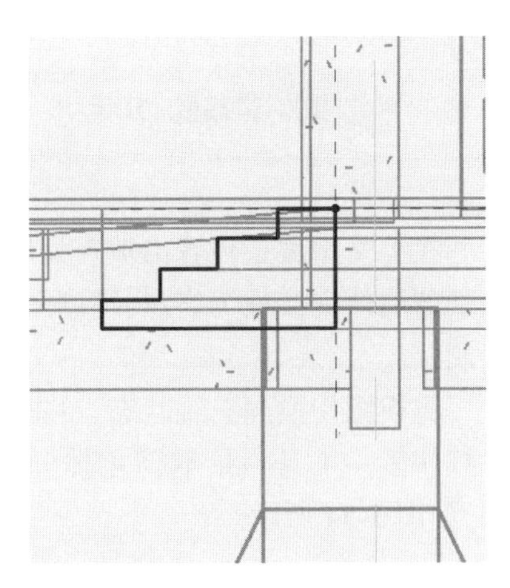

图 3-50　室外台阶轮廓线

图 3-51　坡道及室外台阶三维视图

3.4.2　创建护栏

此处创建的护栏是依附于前述创建的坡道,因此创建护栏之前,坡道应该创建完成。

进入一层平面视图,依次点击“建筑→楼梯坡道→绘制路径”,在属性下拉列表中选择“栏杆扶手→室外坡道护栏”。

依次点击“修改→绘制路径→绘制→直线”,将功能选项卡“偏移量”更改为“100”,如图 3-52 所示。

☑链　偏移量: 100　☐半径: 1000.0

图 3-52　修改偏移量

在上文中坡道位置沿坡道处墙体,以坡道下端与墙体交接处为起点,以坡道上端与墙体交接处为终点,绘制图 3-53 所示护栏路径。点击模式中的绿勾完成绘制。

将视图切换到三维状态,单击选中刚绘制好的护栏,然后依次点击"修改→栏杆扶手→工具→拾取新主体",将鼠标移动到坡道板上,完成一段护栏的绘制,如图 3-54 所示。

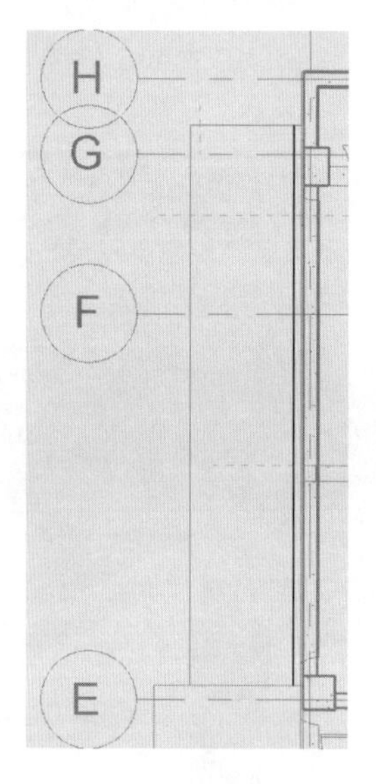

图 3-53　坡道护栏路径

图 3-54　拾取新主体命令

将视图再次切换到一层平面,选中刚刚绘制完成的护栏,依次点击"修改→栏杆扶手→修改→镜像 - 绘制轴",如图 3-55 所示。

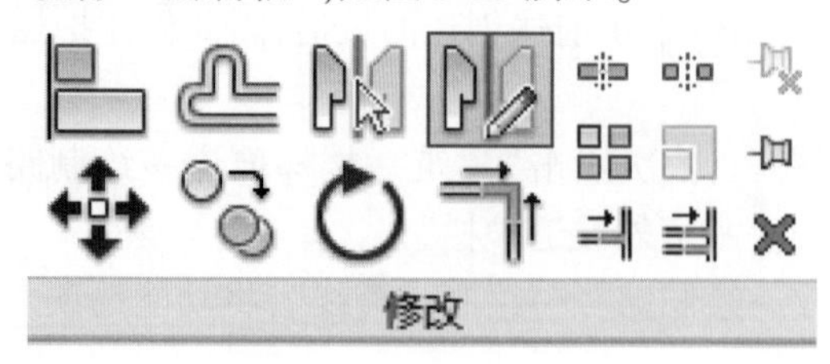

图 3-55　绘制轴镜像命令

将鼠标移动到坡道板上边缘中点处，当鼠标变为粉红色三角形时单击鼠标左键，然后按住“shift”键，将鼠标向上方移动，在空白处再次单击鼠标左键，松开“shift”键，完成坡道外侧栏杆的绘制。结果如图 3-56 所示，三维效果如图 3-57 所示。

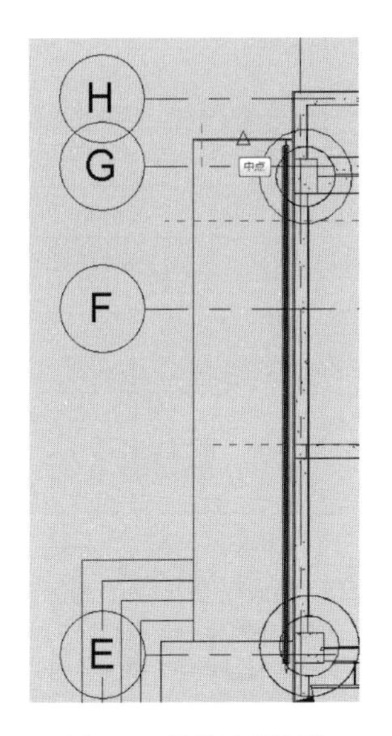

图 3-56　镜像坡道护栏

图 3-57　坡道护栏三维视图

将视图切换到一层平面，进入栏杆扶手绘制命令，在属性列表下拉菜单中，选择“栏杆扶手 阳台栏杆-1F”，沿图 3-58 所示位置绘制栏杆路径。单击模式中的绿勾完成绘制。

在一层平面视图中选中刚绘制的阳台护栏，依次点击“修改→栏杆扶手→

修改→镜像-拾取轴”(图 3-59),选择轴线⑩,完成轴线⑪~⑮间的护栏。

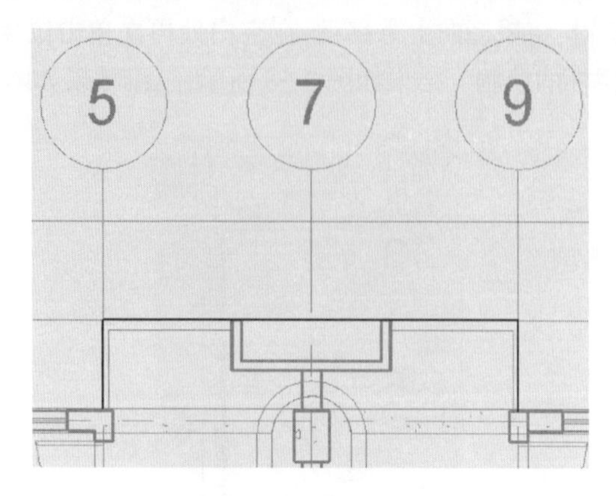

图 3-58　阳台护栏路径

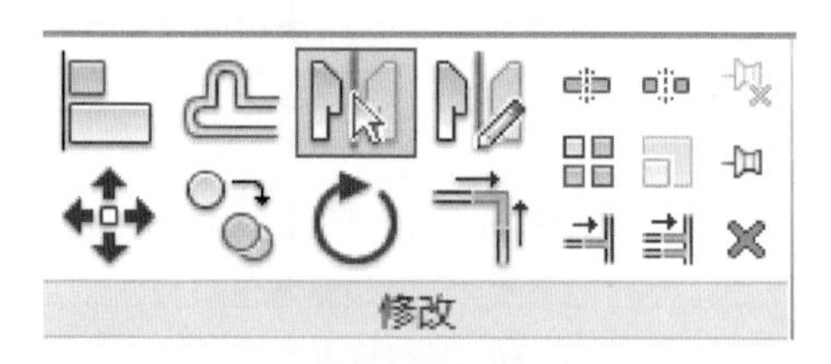

图 3-59　拾取轴镜像命令

采用相同方式绘制其余阳台护栏,如图 3-60 和图 3-61 所示。

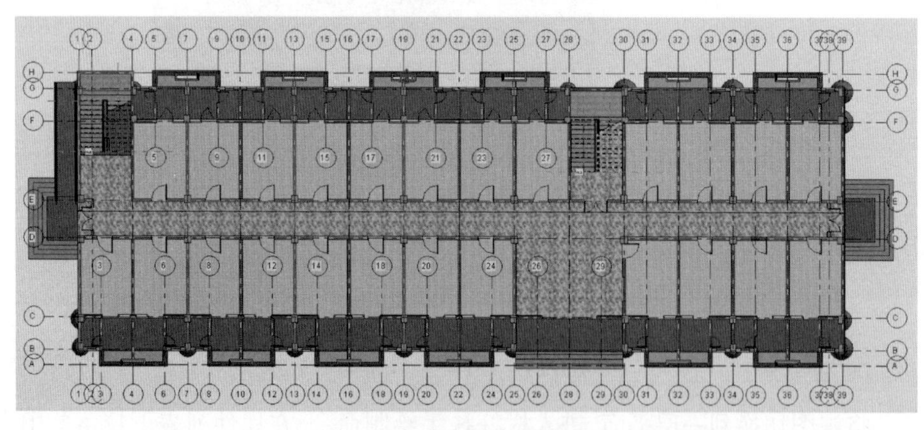

图 3-60　阳台护栏平面视图

二至六层的护栏,可以采用层间复制的方式,将首层护栏复制到二至六层。层间复制的具体操作方式参见前述梁创建章节。

图3-61　阳台护栏三维视图

3.4.3　创建散水

将视图切回至一层平面,依次点击“建筑→构件→内建模型”,将“族类别和族参数”选择为“常规模型”,点击“确定”;将名称更改为“散水1”,点击“确定”。

依次点击“创建→形状→放样”,选择“绘制路径”,再选择“直线”命令,沿散水所处外墙边缘绘制图3-62所示路径。图3-62中路径为散水全部路径的一部分,读者应根据图纸位置绘制完全。继续点击模式中的绿勾,完成路径绘制。

点击“编辑轮廓”,选择“转到视图”中的“立面:南”,进入南立面。以视图中红色点为起点,绘制图3-63所示散水轮廓。其水平边长度为900mm,竖直边长度为450mm。然后点击三次绿勾,完成绘制,如图3-64所示。

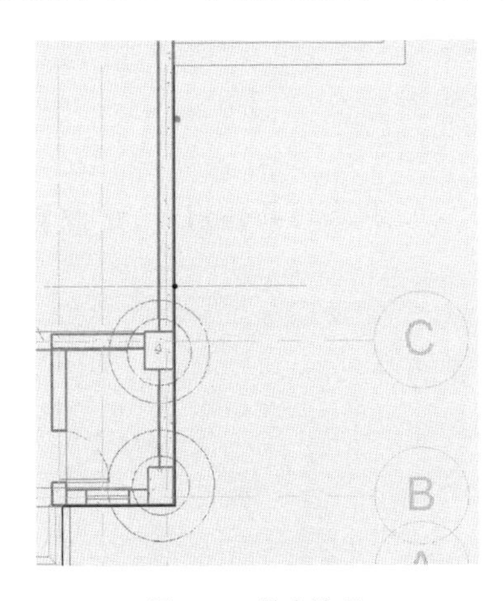

图3-62　散水路径

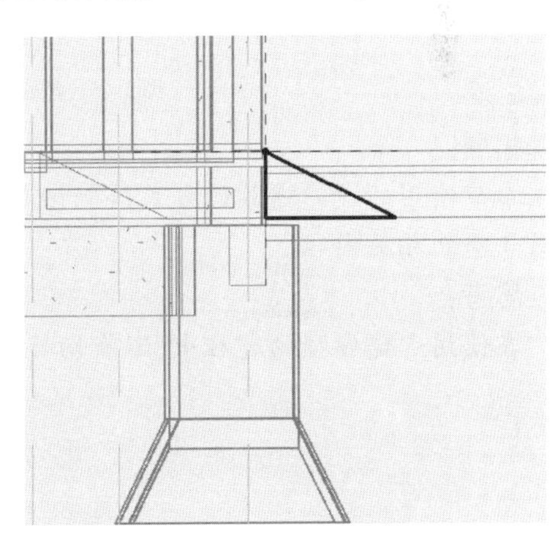

图3-63　散水轮廓

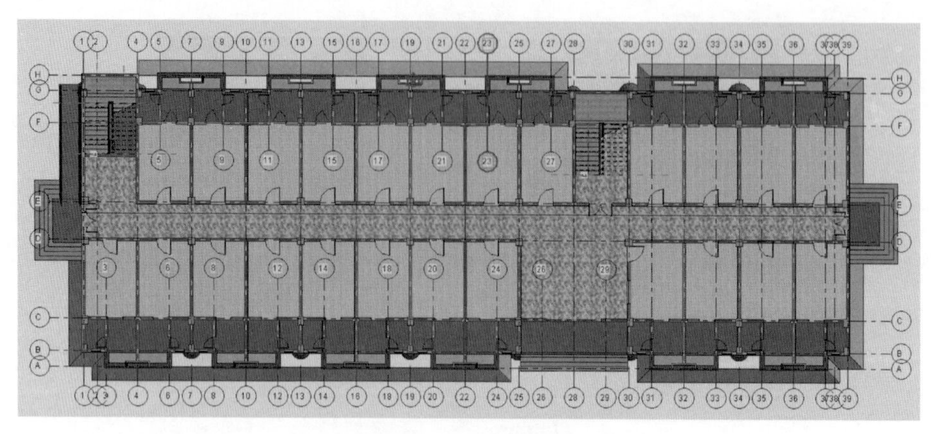

图 3-64　散水平面视图

采用相同的绘制方式，绘制图 3-65 所示范围的散水。

图 3-65　散水三维视图

拓展：

本节使用的是内建族的方式绘制细部构件。关于族的具体内容，请参照本书第 4 章的相关内容。

思考：

在使用内建模型的过程中，不断切换视图，是为什么？

第 4 章　Revit 族的创建

Revit 软件的主要功能分为两个方面，在软件的开始界面已经展现：项目和族。

房屋建筑模型的最终形态是在“项目”中展现，而模型的组成，是由多种构件进行组装形成。组成这个项目的多种构件以及帮助完成这项组装工作的各种注释、符号、图形等元素，则都以族的形式出现在项目之中。

前述章节在“项目”中创建柱、梁、板的过程就是利用族完成组装形成最终模型的过程。因此，族在 Revit 模型的创建过程中，起着至关重要的作用，没有族就没有模型。族的学习与项目的学习同等重要，读者需要有清晰的认知。

Revit 软件在安装正确的情况下，自带了一个族文件库，包含了常规使用的许多类别和类型的族，如前述章节的梁、柱、板等。随着社会经济发展，房屋建筑项目在设计的过程中，不断出现各种超高层、复杂结构及异形结构项目，导致 Revit 模型创建过程中，常常会有许多非常规的构件，需要使用到一些 Revit 不存在的族类型。此时，依据项目实际需求，自主进行特殊构件族的创建并载入到项目中进行使用，就显得极为必要。因此，族的创建是学习 Revit 必须要掌握的一项内容。

Revit 族的内容知识较为庞大，本书讲解的族创建及相关知识均为基础入门知识。

4.1　族的初步介绍

本节内容比较抽象，初学者可先学习后面的操作内容，再学习本节内容，效果更好。

Revit 族是 Revit 创建三维模型的核心之一。当打开 Revit 软件时，就能够看到。图 4-1 所示软件初始界面中，主要分为“项目”和“族”两个选项。第 2 章与第 3 章主要讲述“项目”中的各种基本操作，本章通过实例简单讲述“族”的一些基本操作。

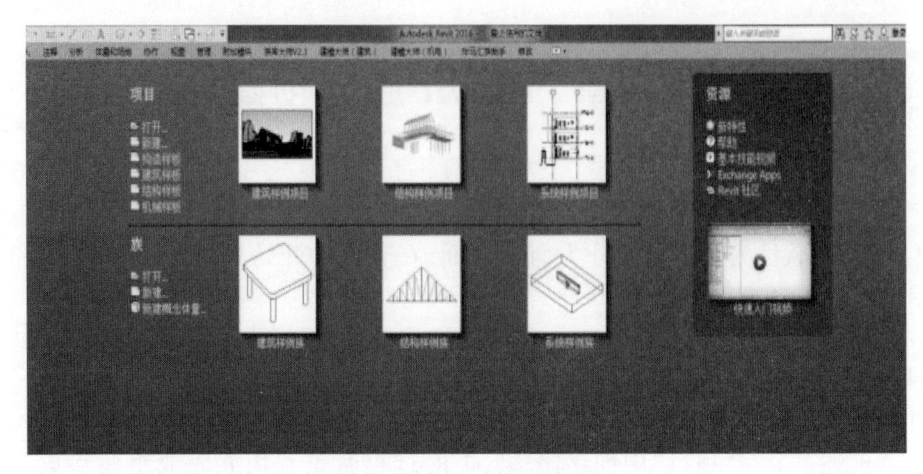

图 4-1　Revit 2016 开始界面

Revit 软件中,对于族有多种分类方式,其中常用的分类方式有:系统族、外建族、内建族和嵌套族。对于不同的族形式,其创建、修改和使用方法大体一致,在使用上略有区别。

在详细介绍 Revit 族时,首先了解并掌握两个基本概念:族类别和族类型。

族类别是 Revit 对于不同族所属的性质进行的分类,如结构梁的族类别是"结构框架",结构柱的族类别是"结构柱",而上文中采用内建模型方式创建的室外台阶、散水等,在"族类别和参数"对话框中,均设定了它们的族类别为"常规模型"。Revit 中设定族类别的意义在于:便于对各类族进行分类管理。

在项目中,通过点击"项目浏览器→族",再点击族前面的"+",可以看到一个项目样板中存在的所有的族类别,如图 4-2 所示。

族类型是指某一特定族类别下不同型号的族。例如,依次点击"项目浏览器→族→结构框架→混凝土矩形梁",点开混凝土矩形梁的列表,可以看到诸多不同尺寸、不同楼层的矩形梁,每一个型号就代表了一个族类型。在创建结构构件部分时,通过编辑类型,复制并重命名,然后修改尺寸所得到的就是一个一个新的族类型。图 4-3 所示为"结构框架"这一族类别下的多种族类型。

用一个比较形象的例子来解释族类别和族类型的关系:Revit 好比我们生活的这个世界,族类别指的就是地球上的一切不同性质的生物、事物,人是一个族类别,猫、树、山、云也分别是不同的族类别;而男人、女人、老人、年轻人则是人这个族类别中不同的族类型。通过这样的比喻,希望初学者能够更好地理解 Revit 对于族的分类方式。

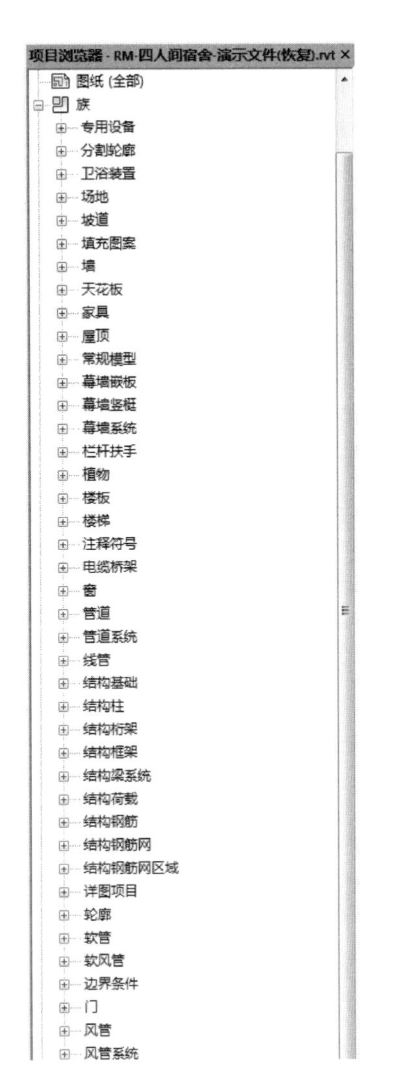

图 4-2　族类别

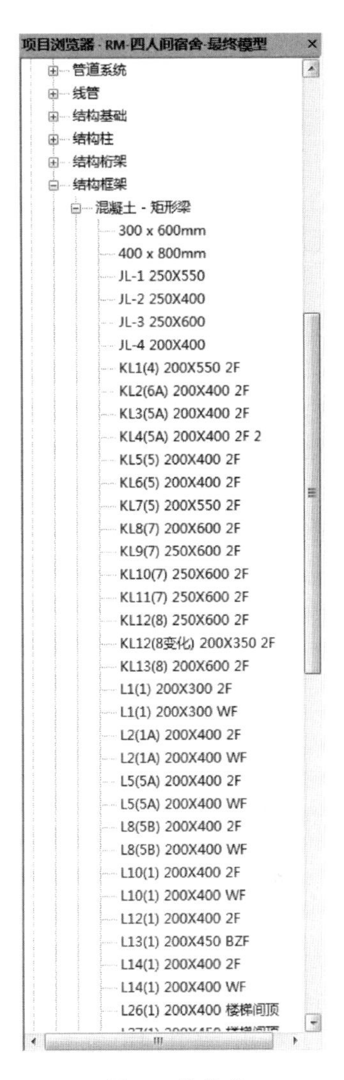

图 4-3　族类型

理解并掌握了族类别和族类型的概念,在创建和使用族时能够更好地进行操作应用。Revit 软件还对族在使用方式上进行了如下的分类。

(1)系统族:系统族是 Revit 中预定义的族,包含基本建筑构件。例如,基本墙这一类别的系统族包含定义内墙、外墙、基础墙、常规墙和隔断墙样式的墙类型。系统族在软件安装完成时就自动存在。可以对系统族进行一些基本的修改,如重命名、修改厚度、创建新的族类型等,但无法通过新建族创建新的系统族类别,因此系统族无法载入新类别和新类型。

(2)内建族:内建族可以是特定项目中的模型构件,也可以是辅助建模的其他几何和非几何元素。内建族的特点是它是某个项目特定的族,只能存在于这个特定的项目之中。它无法从其存在的这个项目中拷贝出来用于另外的项目。例如,第 3 章中采用内建模型方式创建的室外台阶、散水等都属于内建族。创建内建族时,可以选择类别,且使用的类别将决定构件在项目中的外观和显示控制。

(3)外建族:外建族也称为载入族,是 Revit 中使用最为广泛也是最为灵活的族。采用不同的族样板创建不同的族,然后将它们载入到项目中使用。并且,同一个族,可以在不同的项目中使用。例如,创建了一个"木桌"族,可以将它载入到项目名为"办公楼"的项目中,作为"办公楼"的室内家具,也可以将它载入到项目名为"宿舍楼"的项目中,作为室内家具。在后续章节中,会详细讲解外建族的创建和使用过程。

(4)嵌套族:嵌套族可以理解为族的组合,将一个创建好的外建族载入到另外一个外建族中,使他们组合在一起形成一个新的外建族。这样的方式,对于一些形状不规则的构件的族创建有很好的效果,在下一节中将做详细讲解。

4.2 拉伸族、旋转族的创建

外建族,也称自建族,是 Revit 模型创建过程中使用最为频繁最为广泛的族创建方式。前述章节中载入的门、窗、柱、结构框架都是属于这种方式创建的族。Revit 自带一个外建族文件夹,包含一些常规族。当遇到 Revit 本身不具有的族样式时,则需要使用者通过外建族方式进行创建。若在创建过程中为族赋予一些常用的参数,使其具有可以调节形态和尺寸的功能,则这样的族可在后续多种项目中进行使用,提升建模效率。

从本节开始,主要介绍外建族的不同创建方式,其他族的创建方式与此相同,在使用方法上有少许差别,此处不再做详细阐述。下面讲解的范例为本书提供的宿舍楼模型中的"挖孔桩"。具体图纸参看结构图纸中的"基础大样及配筋表"。

本节主要讲解族创建方式中的拉伸与旋转。具体操作方式如下:

打开 Revit 2016 软件,进入软件初始界面。在"族"一栏下选择"新建";或者点击软件左上角"R"主选项卡下拉列表,点击"新建族"。

在"新建-选择样板文件"对话框中,单击鼠标左键选择"公制常规模型. rft”,点击打开,进入外建族绘制界面。

依次点击“主选项卡→另存为→族”,选择存储路径。并将文件名命名为“挖孔桩-ZH1-旋转拉伸”(图 4-4),点击“保存”。依次点击“属性→族类别和族参数”(图 4-5),选择“结构基础”(图 4-6),然后点击“确定”。

图 4-4　保存新建族构件

图 4-5　定义族类别命令

首先依次点击“项目浏览器→视图→楼层平面→参照标高”,再依次点击“创建→形状→拉伸”,之后依次点击“修改→创建拉伸→绘制→圆形”,如图 4-7 所示。

单击绘图区域内两条虚线的交点,然后移动鼠标,在空白处单击鼠标,绘制图 4-8 所示的圆形;再点击图中的临时尺寸标注,将半径数据更改为“400”。按两次“Esc”键,退出绘制。

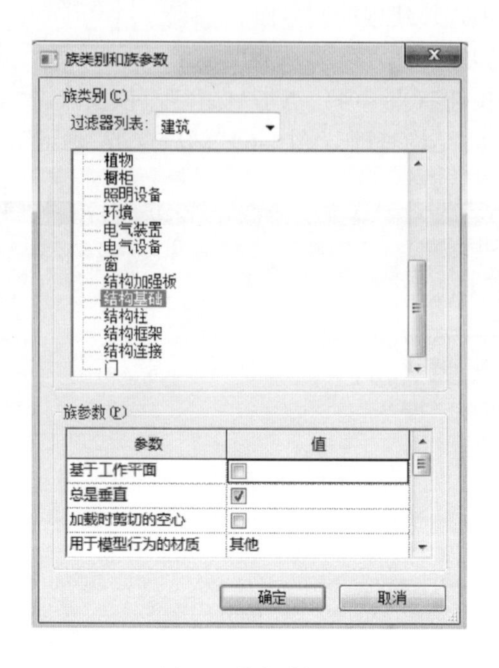

图 4-6　族类别定义

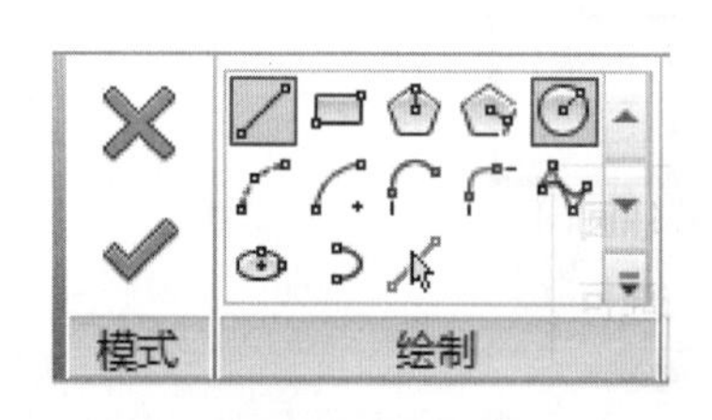

图 4-7　创建拉伸

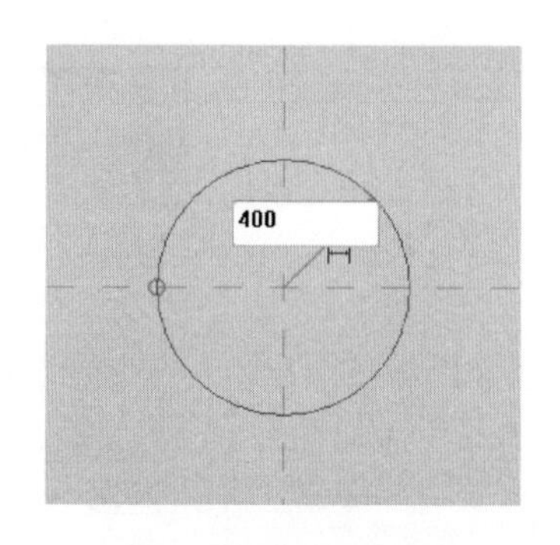

图 4-8　拉伸轮廓(一)

将属性栏中“拉伸起点”更改为“－1500”,将“拉伸终点”更改为“0”,如图 4-9 所示。点击“模式”中的绿勾,完成绘制。

将视图切换到三维,并点击绘图区域左下角的状态栏,将“详细程度”调整“精细”,将“视觉样式”更改为“真实”,如图 4-10 和图 4-11 所示。

再次将视图切换到“参照标高”,依次点击“创建→形状→拉伸”,再点击“修改→创建拉伸→绘制→圆形”,单击绘图区域内两条虚线的交点,然后移动鼠标,在空白处单击鼠标,绘制图 4-12 所示的圆形;再点击图中的临时尺寸标注,将半径数据更改为“750”,如图 4-12 所示。按两次“Esc”键,退出绘制。

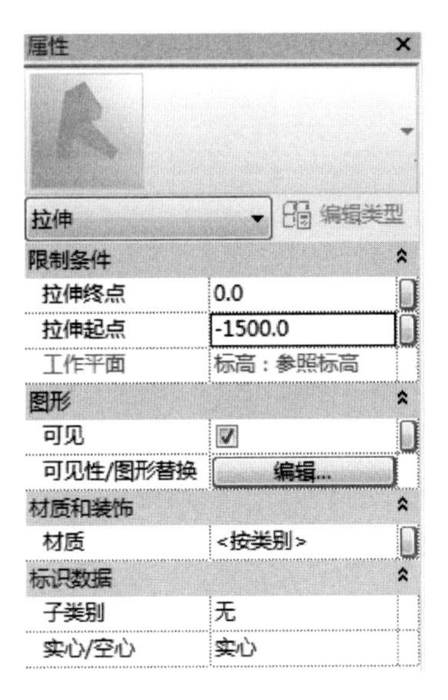

图 4-9　设置拉伸量

图 4-10　详细程度与视觉样式

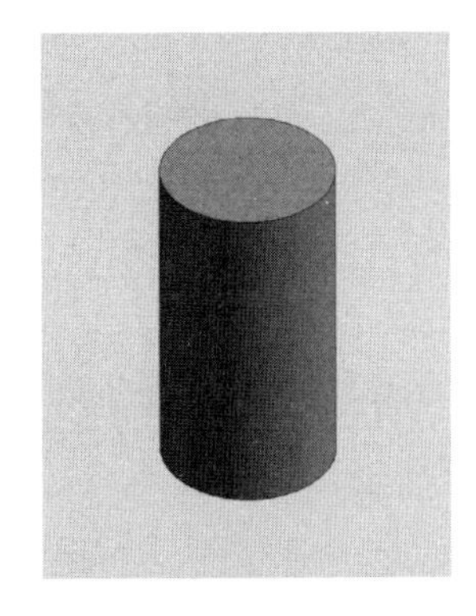

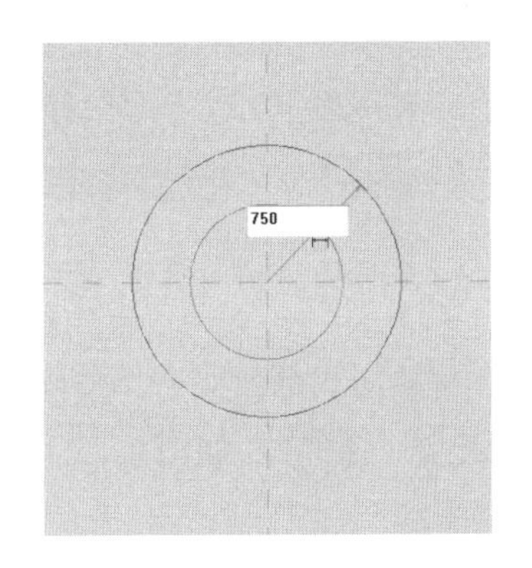

图 4-11　族三维视图(一)　　　　图 4-12　拉伸轮廓(二)

将属性栏中“拉伸起点”更改为“ -3000”,将“拉伸终点”更改为“ -2000”。点击模式中的绿勾,完成绘制。三维效果如图 4-13 所示。

图 4-13　族三维视图(二)

将视图切换到“前”立面。依次点击“创建→形状→旋转”,再依次点击“修改→创建旋转→绘制→边界线→直线”,以已经绘制完成的上下两段模型的边界为基准,绘制图 4-14 所示形状。其中,竖向线条位置为上下两个形状的中点连线。

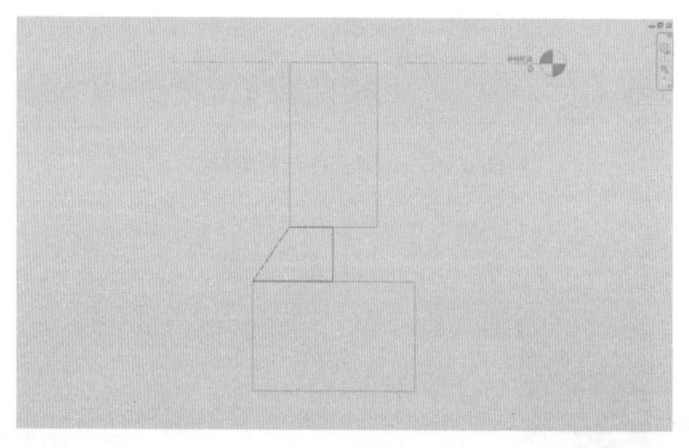

图 4-14　旋转轮廓

依次点击“修改→创建旋转→绘制→轴线→直线”,沿着刚才绘制的轮廓线右边竖直线绘制一条直线,如图 4-15 和图 4-16 所示。

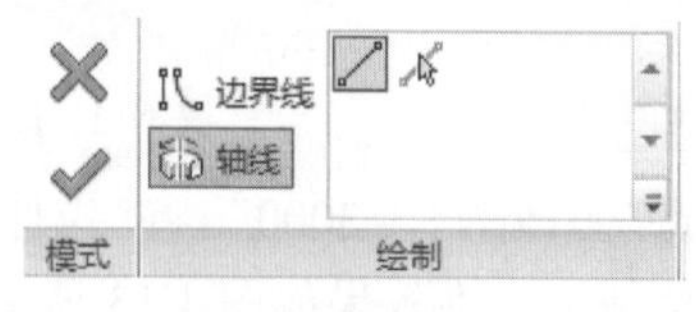

图 4-15　旋转轴命令

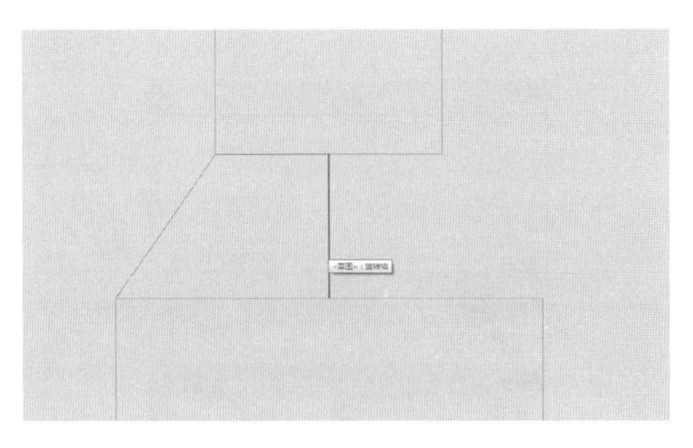

图 4-16　旋转轴

单击“模式”中的绿勾,完成绘制。三维效果如图 4-17 所示。

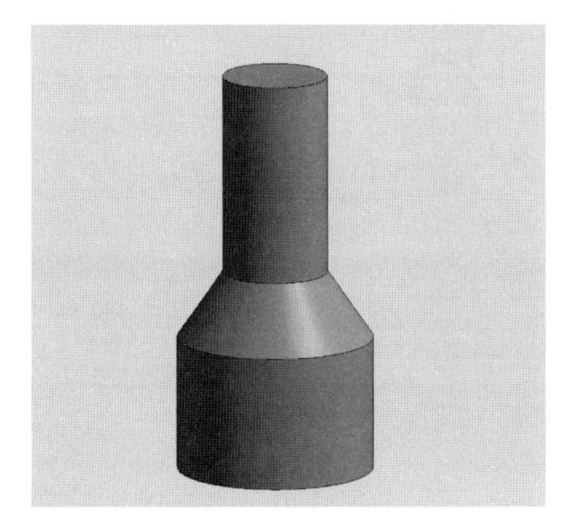

图 4-17　族三维视图(三)

将视图切换到三维视图。框选所绘制的三个三维实体。点击属性栏中“材质”一栏后面的省略号,如图 4-18 所示。

在弹出的“材质浏览器-临时阶段”对话框中,点击“显示→隐藏库面板”,如图 4-19 所示。

将鼠标移动到“Autodesk 材质”上方位置,当鼠标变为等号上下箭头的形状时,按住鼠标左键不放,拖动对话框,让“Autodesk 材质”对话框显示成图 4-20 所示的状态。

依次单击“Autodesk 材质→主视图→Autodesk 材质→混凝土”,然后在右侧的材质框中双击选择“混凝土,外露骨料”,点击“确定”,如图 4-21 所示。此时

“挖孔桩-ZH1-旋转拉伸”创建完成，如图 4-22 所示。

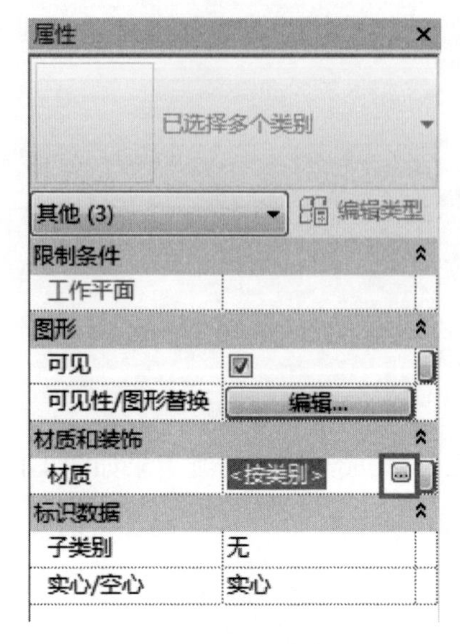

图 4-18　定义材质命令

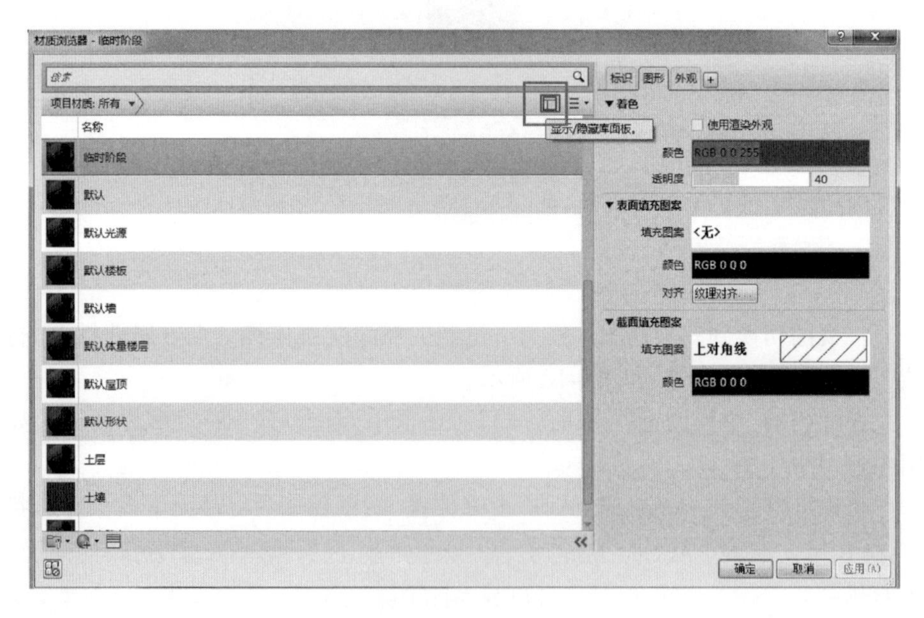

图 4-19　材质库(一)

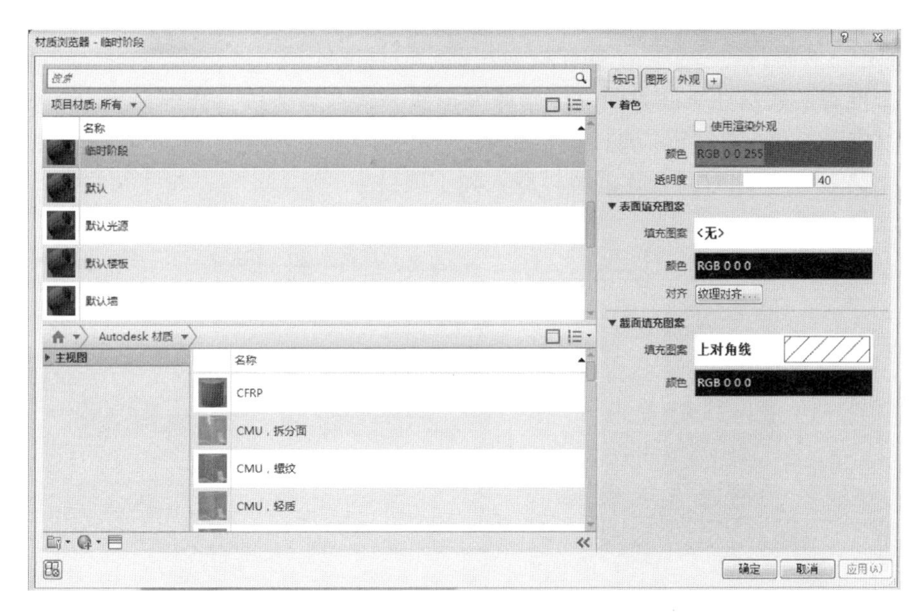

图 4-20　材质库(二)

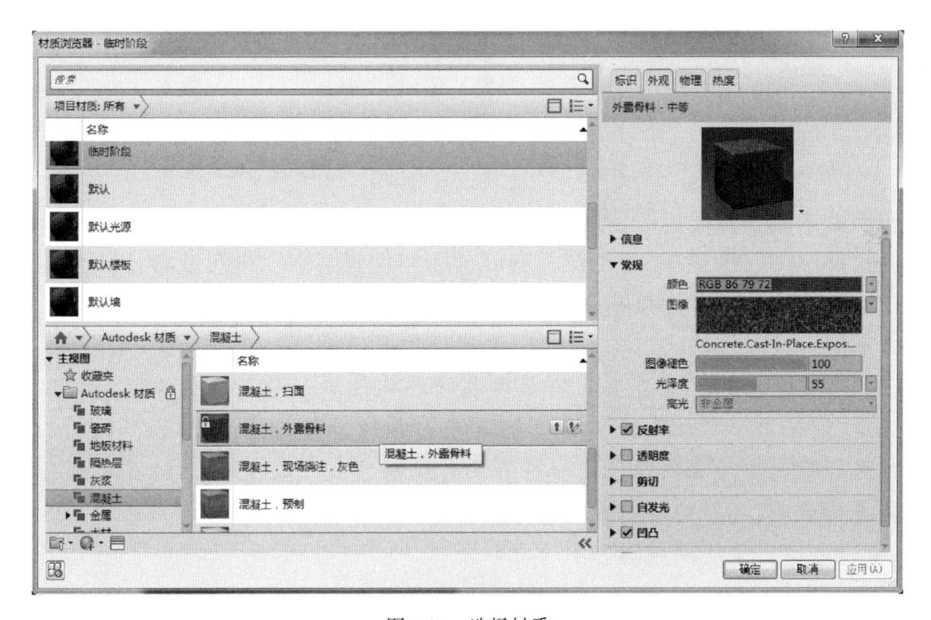

图 4-21　选择材质

以上为采用拉伸及旋转方式创建族的过程。当族创建完成并保存以后，可以载入到项目中进行使用，具体操作如下：

依次点击“主选项卡→新建→项目”，将样板文件选择为“结构样板”，点击“确定”，从而新建一个以结构样板为基础的项目文件。

再切换到挖孔桩族界面，点击“族编辑器→载入到项目”，在弹出的“载入到项目中”对话框中勾选“项目 1”（如果只有一个项目，则不会弹出对话框），如图 4-23 所示。此时新创建的族被载入到了项目中。

图 4-22　挖孔桩三维视图

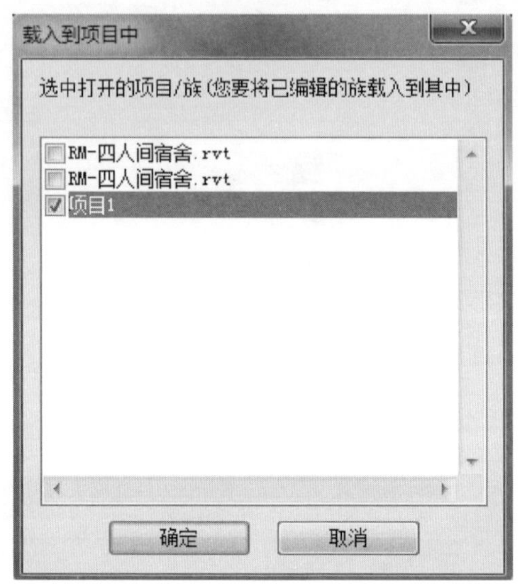

图 4-23　载入族

族载入到项目中以后，可以在“项目浏览器→族→结构基础→挖孔桩-ZH1-旋转拉伸”中找到，选中，单击鼠标右键，点击“创建实例”，即可放置 ZH1 号挖孔桩。基础的放置方式详见第 2 章相关内容。

拓展：

(1)在创建族时，首先要对需要绘制的族构件进行分析。如果能够一次绘制完成，则采用一次性绘制方式，否则需要对构件进行拆分，并结合不同的创建方式进行绘制。此次创建采用拉伸和旋转两种方式。将 ZH1 号独立桩划分为三段进行绘制，拉伸的绘制方式主要适用于绘制构件的截面是均匀等截面的情况，旋转则适用于绘制规则但不均匀部分。

(2)创建过程中，依旧是在平面上进行绘制。采用哪种平面作为工作平面，要依据构件的实际情况而定，且构件的水平和竖直两个方向的选择要与实际使用情况一致。例如本书所示实例为基础，在实际应用中，基础为竖向构件，绘制过程就不能将该构件绘制成为水平构件。同理,梁构件为水平构件,如果创建新的外建族梁,不能将其创建成为竖向构件。一旦这两个方向选择错误,后续使用过程中将无法调整。

在同一水平面内,构件的角度可以任意绘制,对构件的使用没有影响。例如,创建一个新外建族梁,水平面内将梁水平放置还是斜向放置,对于族的使用没有影响,如图4-24所示。

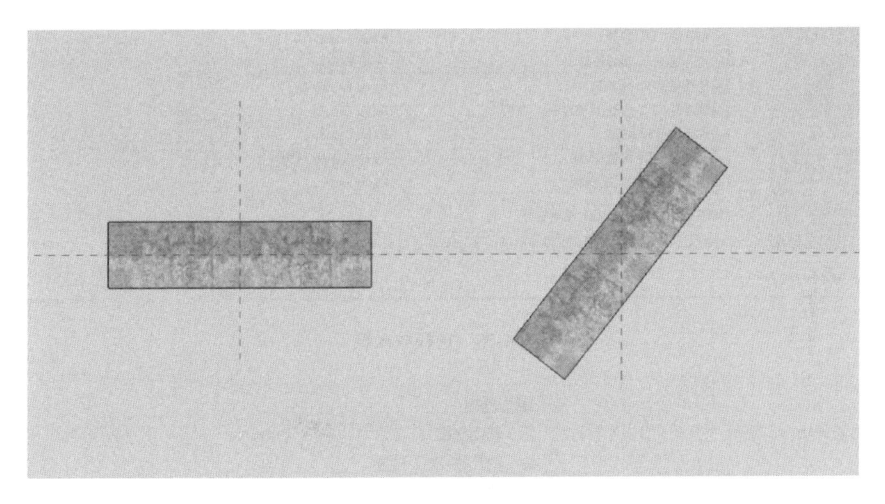

图4-24 构件平面放置方式

(3)族创建好以后,也可以采用另外一种方式载入到项目中。在创建好的新项目中依次点击"插入→从库中载入→载入族",在弹出的"载入族"对话框中找到新创建的"挖孔桩-ZH1-旋转拉伸.rfa",点击打开,此时该族被载入到了这个项目中,如图4-25~图4-27所示。

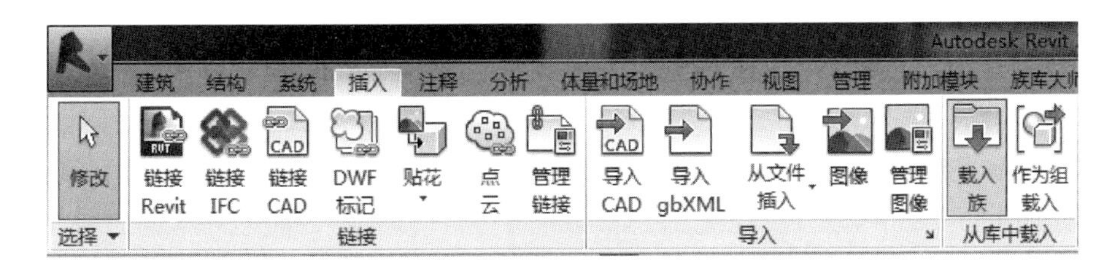

图4-25 载入族命令

思考:

本例如果不采用拉伸,只采用旋转的方式,是否可以绘制?如何绘制?

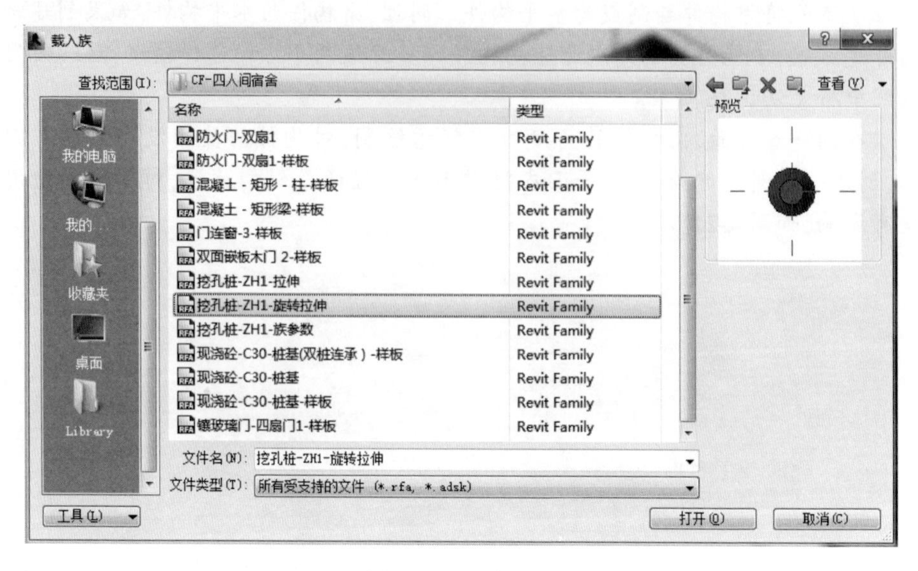

图 4-26　选择载入族

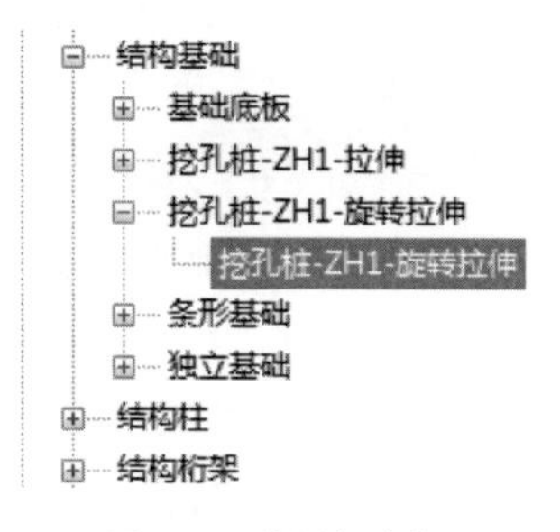

图 4-27　使用新建族

4.3　融合族、放样族、放样融合族

本节采用融合、放样及放样融合相结合的方式，绘制 ZH1 号挖孔桩。具体操作如下：

依次点击“主选项卡→新建→族”，选择并打开“公制常规模型.rft”样板。并将族命名为“挖孔桩-ZH1-放样融合”。同时更改族类别为“结构基础”，具体操作与拉伸族相同。

进入绘图界面以后，首先将视图切换到“前”立面，依次点击“创建→基准→参照平面”。

将功能选项卡中的“偏移量”更改为“ -1300”,沿着“参照标高”从左往右绘制一个参考平面。

将“偏移量”更改为“ -2000”,再沿着“参照标高”从左往右绘制一个参考平面。

将“偏移量”更改为“ -3000”,再沿着“参照标高”从左往右绘制一个参考平面。

绘制结果如图 4-28 所示(图中尺寸标注为辅助说明,读者可以忽略不做)。

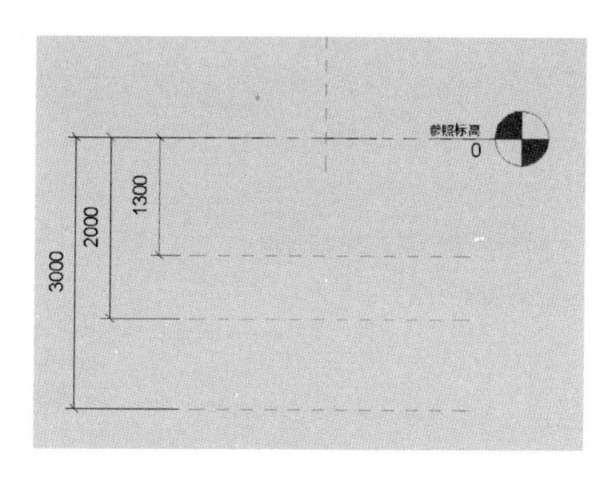

图 4-28　创建辅助参照平面

依次点击“创建→放样”,然后点击“修改→放样→绘制路径→绘制→直线”,绘制一条图 4-29 所示路径。

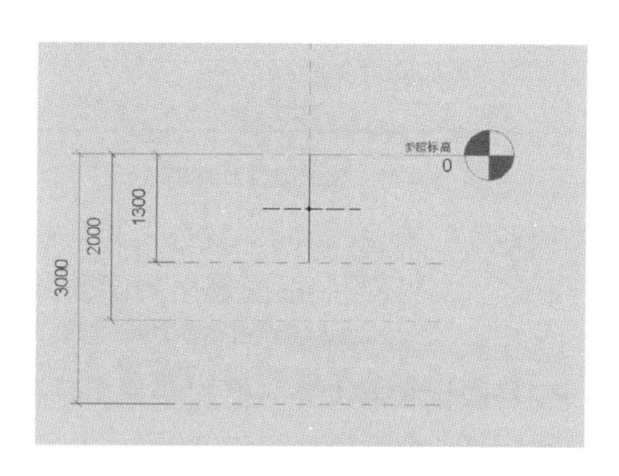

图 4-29　创建放样路径

点击模式中的绿勾,再依次点击“修改→放样→放样→编辑轮廓”,在弹出的“转到视图”对话框中,选择“楼层平面:参照标高”,如图 4-30 所示。

点击“打开视图”,再依次点击“修改→放样→编辑轮廓→绘制→圆形”,绘制半径为“400”的圆。

点击模式中的绿勾,再点击模式中的绿勾,完成绘制。

将视图切换到三维并更改“详细程度”和“视觉样式”(图 4-31),其三维效果与拉伸旋转结果相同(图 4-11)。

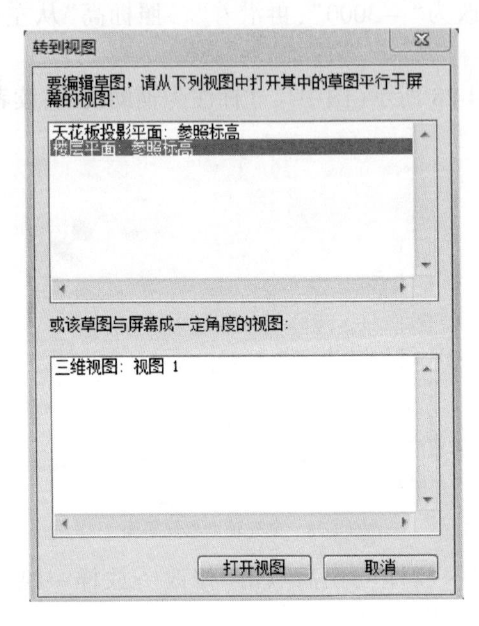

图 4-30　切换视图

图 4-31　族视图属性调整

将视图切换到“参照标高”,点击“创建→融合”,再依次点击“修改→创建融合底部边界→绘制→圆形”,以已经绘制的图形中的圆的圆心为圆心,绘制半径为“750”的圆。

依次点击“修改→创建融合底部边界→模式→编辑顶部”,然后选择绘制圆形命令,以上述圆心同样绘制一个半径为“750”的圆。

先将属性栏中的“第一端点”更改为“ -3000”,再将“第二端点”更改为“ -2000”,然后点击模式中的绿勾完成绘制。

以上为采用融合方式绘制挖孔桩下段等截面部分。

以下为采用放样融合创建挖孔桩中间段变截面部分。

再次将视图切换到“前”立面,依次点击“创建→放样融合”,再依次点击“修改→放样融合→放样融合→绘制路径”,然后点击绘制中的直线,绘制图 4-32 所示的路径。

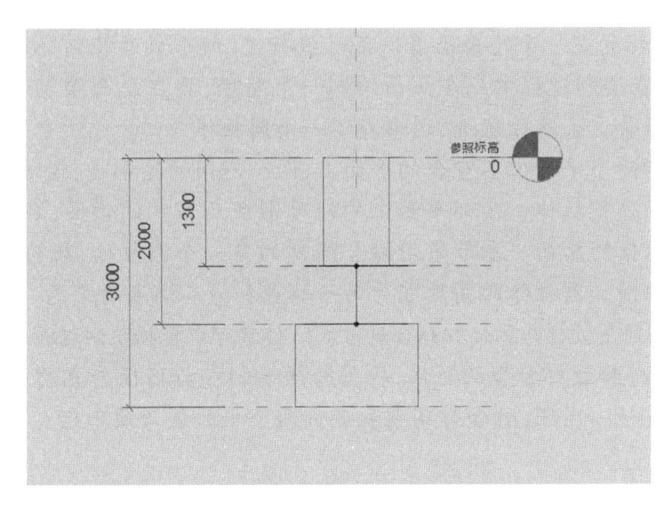

图 4-32　创建放样路径

点击模式中的绿勾,依次点击“修改→放样融合→放样融合→选择轮廓 1”,然后再点击“编辑轮廓”,将视图切换到“参照标高”。

依次点击“修改→放样融合→编辑轮廓→绘制→圆形”,绘制半径为“400”的小圆。

点击模式中的绿勾,再依次点击“修改→放样融合→放样融合→选择轮廓 2”,然后再点击“编辑轮廓”(图 4-33),将视图切换到“参照标高”。

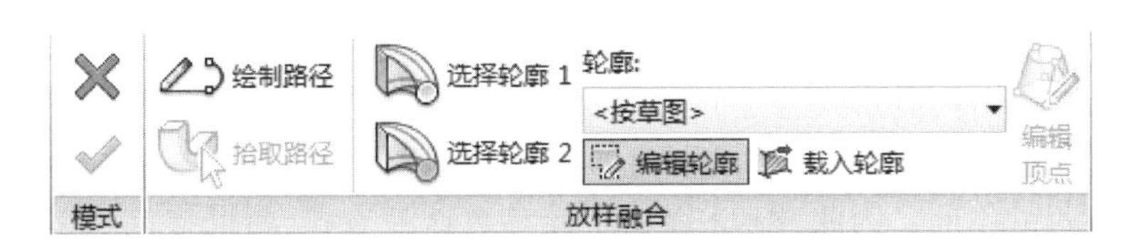

图 4-33　创建放样轮廓

依次点击“修改→放样融合 > 编辑轮廓→绘制→圆形”,绘制半径为“750”的大圆。然后点击两次模式中绿勾,完成放样融合的绘制。

切换到三维图中观看效果,结果与拉伸旋转的结果相同(图 4-22)。

按照拉伸、旋转中介绍的添加材质的方法给创建好的三维实体赋予混凝土材质,结果与拉伸的结果相同。

拓展：

(1)本节同样将构件分为三块进行创建。最上一部分采用放样的方式进行绘制，最下一部分采用融合的方式进行绘制，而中间一段采用放样融合的方式进行绘制。

(2)放样指的是一个轮廓沿着一条母线行进，所形成的几何体。例如，最上一段几何体，在绘制过程中先在立面绘制一条路径，再在平面绘制一个圆轮廓，这个圆轮廓沿着这条路径行进，则形成了一个圆柱体。

融合是指两个平行但不重合的平面上，两个不同的轮廓线，通过软件自行设定的某种方式进行拉伸。顶部平面上的轮廓形成几何体的顶面，底部平面上的轮廓形成几何体的底面。本节采用融合绘制的是一个圆柱体，故顶部和底部均为相同大小的圆。圆柱体的高度即为第一端点和第二端点的距离。

放样融合则是放样与融合相结合的方式。读者可以根据绘制过程细加体会。

(3)在放样和放样融合的时候，轮廓必须绘制在与路径垂直的平面上，否则放样将无法进行。同理，融合时顶部和底部两个平面也必须平行。

思考：

(1)是否可以用放样融合创建挖孔桩等截面部分？

(2)族创建的几种方式都适合什么情况？该如何选择？

4.4 参数化建族

前面两节内容，主要讲解了族的基本绘制方式。所创建的族尺寸均为固定尺寸，无法更改，只能在特定的项目中使用，称之为“死族”。

在工程实际中，建筑结构的构件数不胜数，如果每一构件族都采用上述方式进行绘制，将大大降低模型创建效率，影响项目工期。事实上，在经常使用的构件中，有许多构件，其形式总是固定的。变化之处，只是构件的尺寸。例如结构中大量使用到的梁、柱，其截面形式主要是矩形或者圆形，不同梁、柱之间差别就在于截面尺寸不同。因此，Revit 提供了族参数这一方式，帮助提高重复构件的创建效率。通过族参数，相同类别的族，可以只创建一次，然后通过更改族参数，来设定不同的族类型。

本节同样以 ZH1 号挖孔桩为例，介绍族参数创建的基本方法。其具体操作如下：

首先按照前文所述方法，打开公制常规模型的族样板文件，将族文件另存为“挖孔桩-ZH1-族参数”，保存文件。

将视图切换到“前”立面,按照放样一节所给的数据和绘制方法,绘制图4-34所示的三个参考平面。

依次点击“修改→测量→对齐尺寸标注”(图4-35),然后在绘图区域分别点击两个平面,对平面进行图4-34所示的尺寸标注。

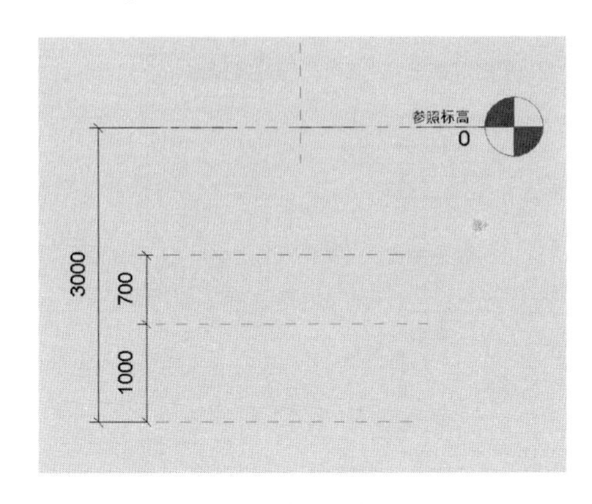

图4-34　创建辅助参照平面

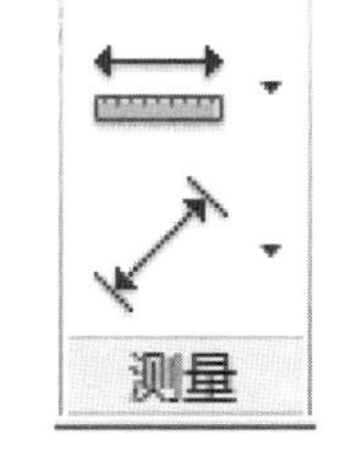

图4-35　尺寸标注命令

选中尺寸标注为“3000”的标注,点击功能选项卡中的“标签”下拉列表,点击“添加参数”,如图4-36所示。

图4-36　添加参数

在弹出的“参数属性”对话框中,将“名称”一栏更改为“桩长”,注意,其余数据不要更改(图4-37),点击“确定”。

再次选中尺寸标注为“700”的标注,同样点击“标签→添加参数”,将“名称”更改为“拓展段长度 h_1”,点击“确定”。

选中尺寸标注为“1000”的标注,添加参数,将名称更改为“嵌岩段长度 H”。

将视图切换到“参照标高”,以样板自带十字交叉平面为中心,绘制图4-38所示的参照平面。此时,参照平面距离十字中心没有尺寸要求,但要保证是水平和竖直。

使用对齐尺寸标注命令,从左向右依次点击竖直方向的三个参照平面,最后在空白处单击鼠标左键。然后点击两个尺寸标注中间的EQ,继续使用对齐尺寸标注命令,依次进行图4-39所示的标注。

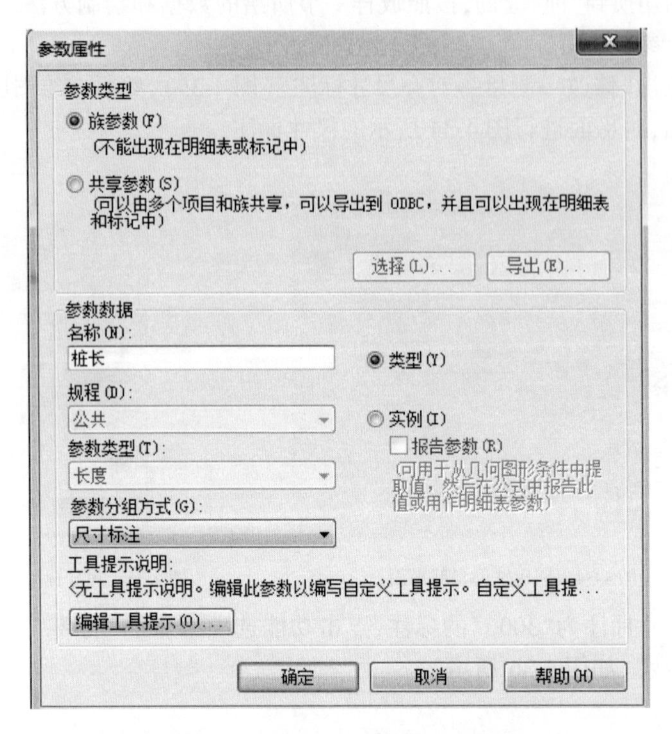

图 4-37　定义参数

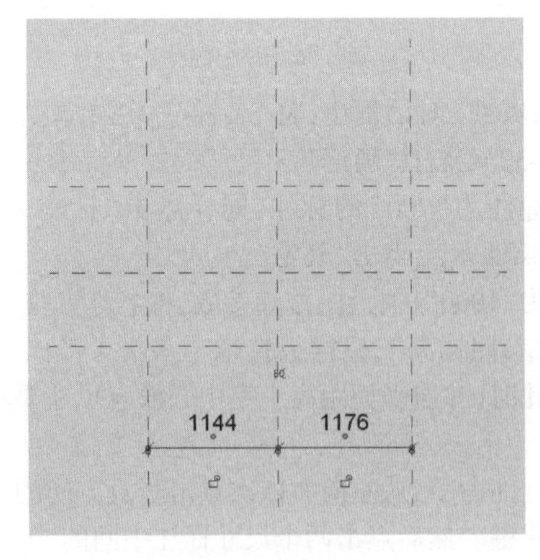

图 4-38　设置等值尺寸

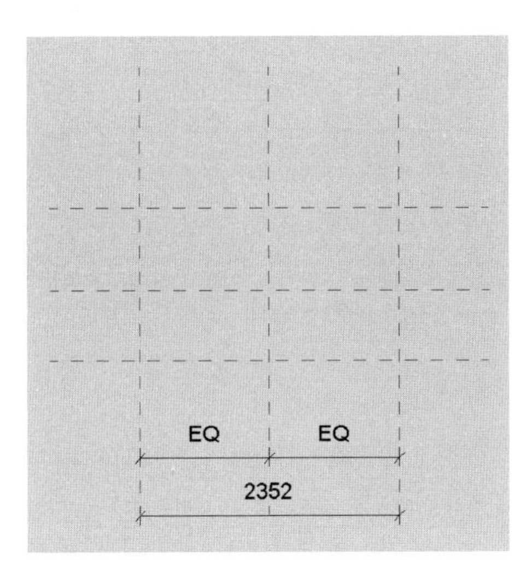

图 4-39　标注尺寸

按照相同的方法标注水平的两个参照平面。选中水平方向的尺寸标注，添加参数，将参数名称更改为“*D*”；选中竖直方向的尺寸标注，选择标签，然后选中下拉列表中的参数“*D*”，如图 4-40 所示。

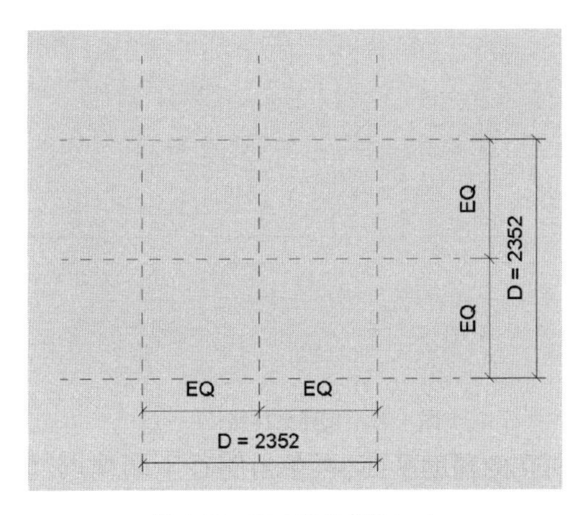

图 4-40　尺寸关联参数(一)

继续绘制参考平面，进行尺寸标注，添加参数，最终结果如图 4-41 所示。

将视图切换至前立面，依次点击“创建→放样→绘制路径”，采用直线命令绘制图 4-42 所示路径。

选择“修改→对齐”命令，单击“参照标高”所在辅助平面，再单击路径上端端点，单击弹出的锁，将路径上端与“参照标高”平面锁定。

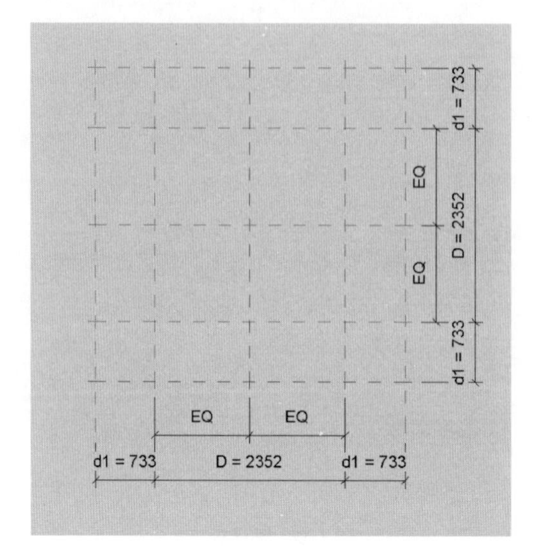

图 4-41　尺寸关联参数(二)

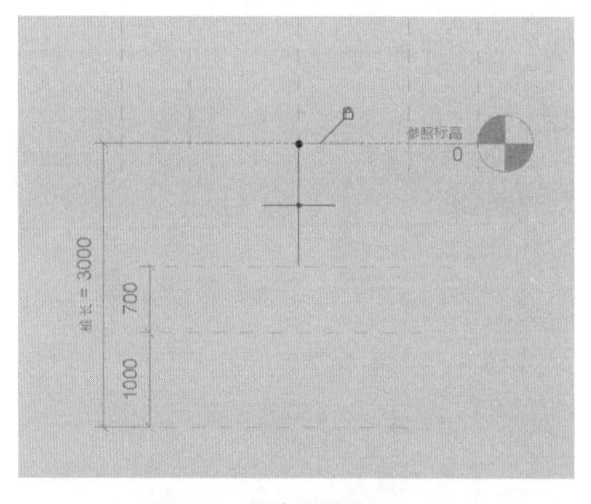

图 4-42　创建放样路径(一)

单击路径下端所在的辅助平面,再单击路径下端端点,单击弹出的锁,将路径下端与平面锁定,然后点击模式中的绿勾。

通过弹出的对话框将视图切换到“参照标高”所在平面,选择“编辑轮廓”命令,依次选择“修改→放样→编辑轮廓→绘制→起点-终点-半径弧”命令,如图 4-43 所示。

在绘图区域内参照平面形成的内部小矩形中,先点击圆弧的起点,再点击圆弧的终点,最后点击圆弧的中点,绘制图 4-44 所示的半圆弧。

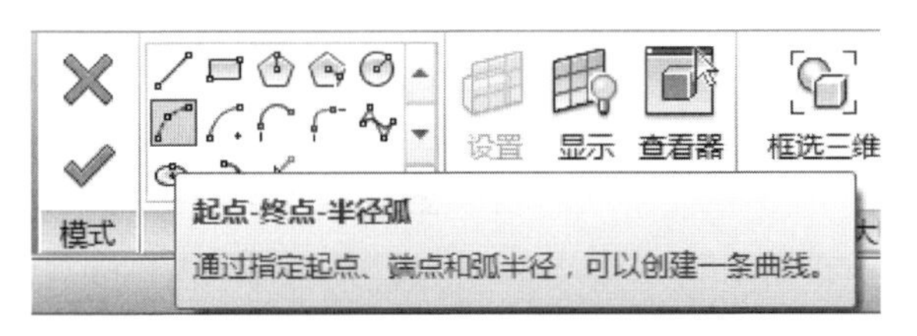

图 4-43　三点弧线命令

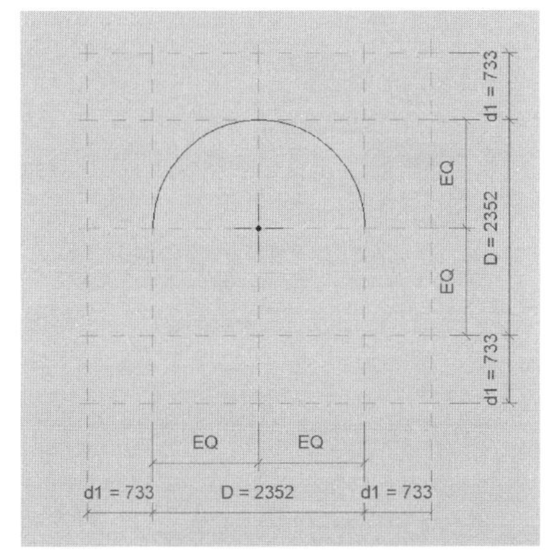

图 4-44　创建轮廓(一)

继续半圆弧命令,绘制该圆的另一半圆弧。结果如图 4-45 所示。

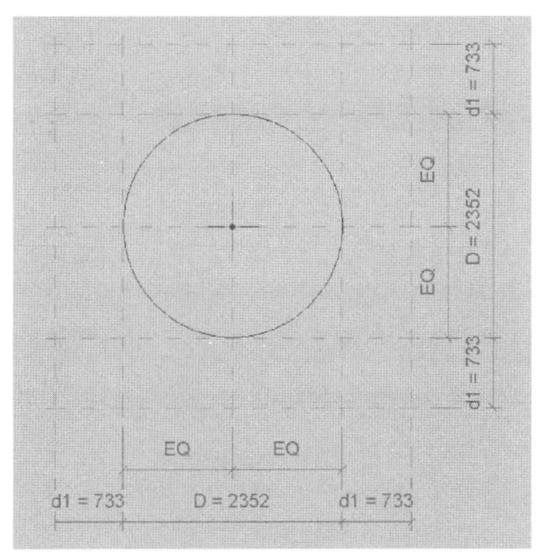

图 4-45　创建轮廓(二)

选择对齐命令,点击竖向中心参照面右侧的第一个参照面(与圆弧右侧相切的竖向参照平面),再点击半圆弧的端点(切点),单击弹出的锁。

采用同样的方式,锁定半圆弧的另外一个端点至竖向参照面左侧的第一个参照面。

点击"属性→族类型",在弹出的"族类型"对话框中,将"D"更改为"800",将"d_1"更改为"350","桩长"设定为"3000",点击"确定",如图 4-46 和图 4-47 所示。

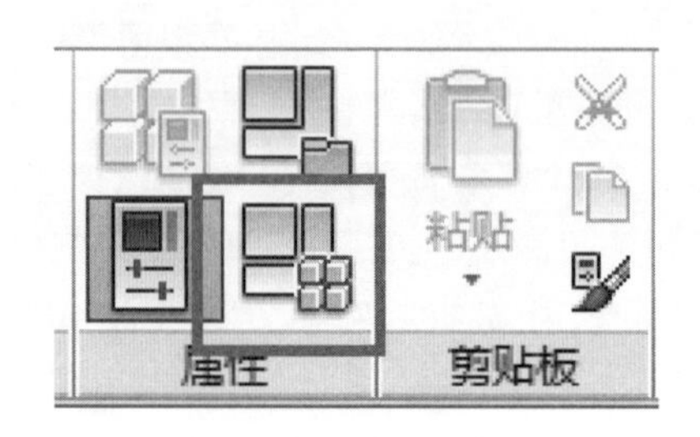

图 4-46　族类型命令

图 4-47　修改族参数

完成后点击两次模式中的绿勾,完成挖孔桩上端的绘制和参数设定。其三维状态与拉伸族结果相同。

再次将视图切换到“前”立面，然后依次点击“创建→放样融合→放样融合→绘制路径”，采用直线绘制命令，绘制图4-48所示路径，点击上下两端点处两把小锁，锁定路径两端点至相应参照平面。

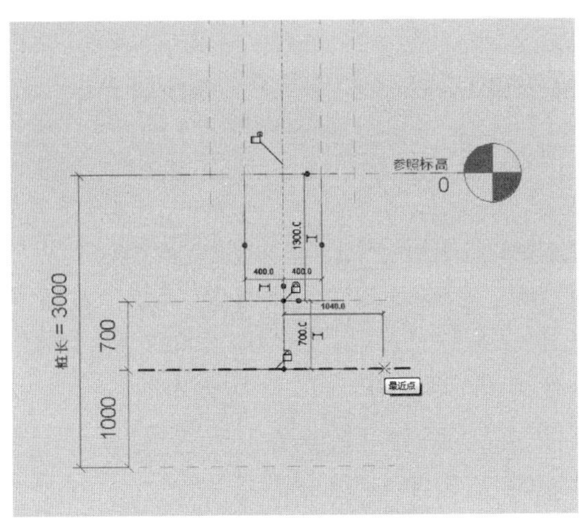

图4-48 创建放样路径(二)

点击模式中的绿勾，再依次点击“修改→放样融合→放样融合→选择轮廓1”；点击“编辑轮廓”，在弹出的“转到视图”对话框中，选择“楼层平面：参照标高”，点击打开视图；选择三点圆弧绘制方式，绘制图4-49所示半圆弧段。

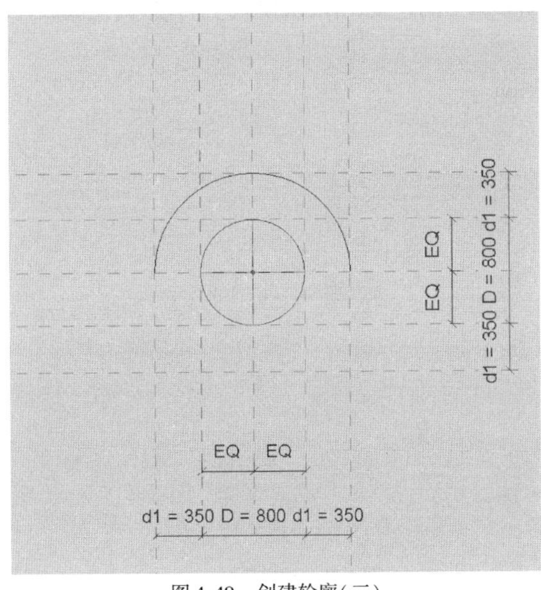

图4-49 创建轮廓(三)

采用三点圆弧命令绘制另外一半圆弧段；然后使用“对齐”命令，按照前述方式将两段半圆弧左右两个切点与左右两个竖向参照面锁定（图 4-50），然后点击模式中的绿勾。

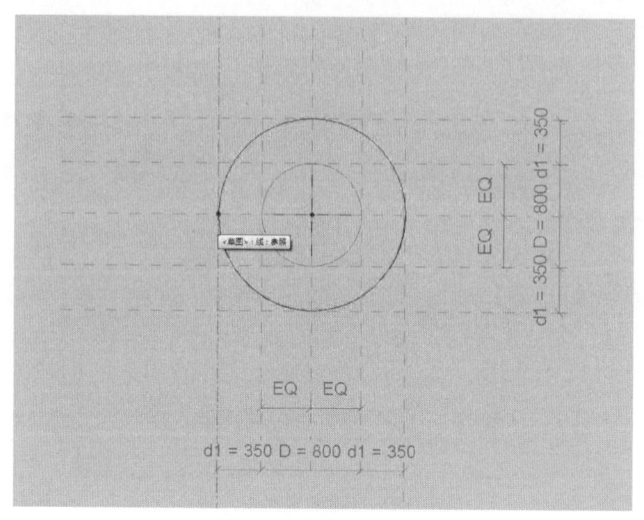

图 4-50　创建轮廓（四）

依次点击“修改→放样融合→放样融合→选择轮廓 2”，然后点击“编辑轮廓”。同样采用半圆弧的绘制方式，绘制小圆，并将两段半圆弧左右两个切点与左右两个竖向参照面锁定，如图 4-51 所示。点击两次模式中的绿勾，完成放样融合的绘制。

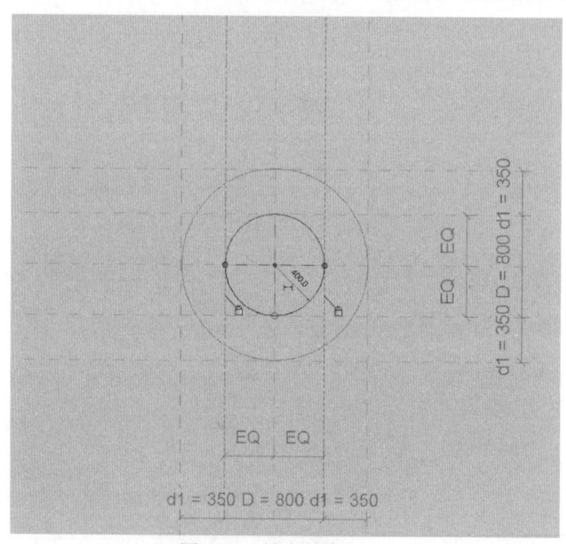

图 4-51　锁定轮廓（一）

再次将视图切换到“前”立面，依次点击“创建→放样→放样→绘制路径”，绘制图 4-52 所示路径。

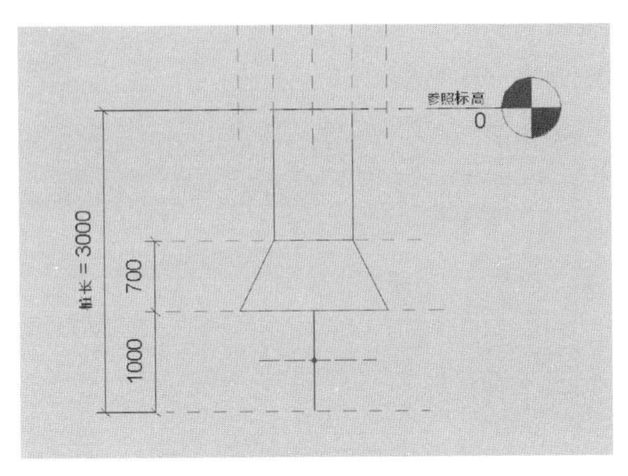

图 4-52 创建放样路径(三)

使用对齐命令，点击与路径上端相交的参考面，再点击路径上端端点，点击弹出来的小锁，锁定上端点到参考面。采用同样的方法，锁定下端点到与下端点相交的平面。点击模式中的绿勾，完成路径绘制。

依次点击“修改→放样→放样→编辑轮廓”，将视图转到“楼层平面：参照标高”。采用半圆形绘制方式，绘制图 4-53 所示两段半圆，并将两个切点分别锁定到相应左、右两侧相切的竖向参照平面上。点击两次模式中的绿勾，完成绘制。最后，将构件材质更改为混凝土，完成最终的绘制，如图 4-54 所示。

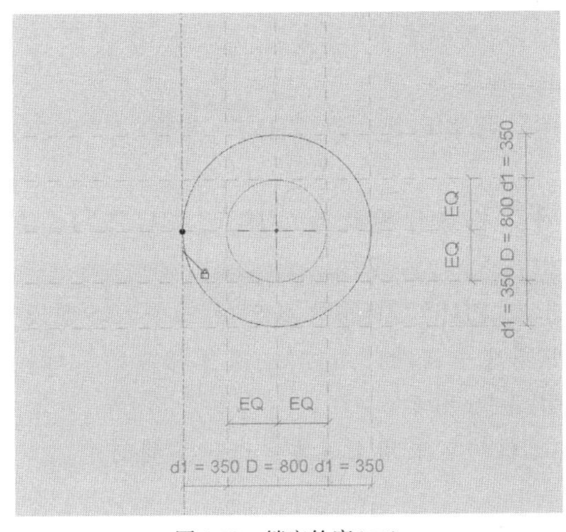

图 4-53 锁定轮廓(二)

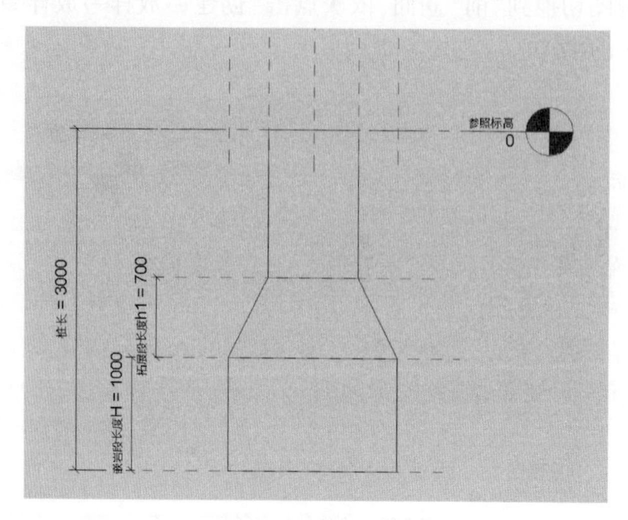

图 4-54 参数族

经过上述过程，该挖孔桩即成为一个可以调整尺寸的参数化族。

拓展：

(1)本书在设定参数的绘制过程中，基础上端和下端均采用放样的方式进行绘制，而中端采用放样融合的方式进行绘制。

(2)在设定圆形截面的参数时，轮廓必须使用半圆形绘制，这样才能将端点锁定到对应的参考平面上去。如果使用圆形命令进行绘制，则无法锁定，参数设置不成功。

(3)绘制结束以后，可以点开“族类型”，点击“族类型”下的“新建”，将名称更改为“ZH1”，点击“确定”。

再次点击“新建”，将名称更改为“ZH1a”，并将“d_1”更改为“200”，之后点击“应用”。

再次点击“新建”，将名称更改为“ZH2”，然后将“D”更改为“900”，并将“d_1”更改为“350”。

如此，就将桩号为“ZH1”“ZH1a”“ZH2”的三个桩类型设置完成。然后将族载入到项目中，按照前文中族的使用方法，选择相应的基础，在项目中进行创建即可，如图 4-55 和图 4-56 所示。

其他类型的挖孔桩均可采用上述方式进行类型创建。

思考：

除本书介绍的族参数设置方式外，该桩的参数还可以有哪些设置方法？

图 4-55　创建族类型

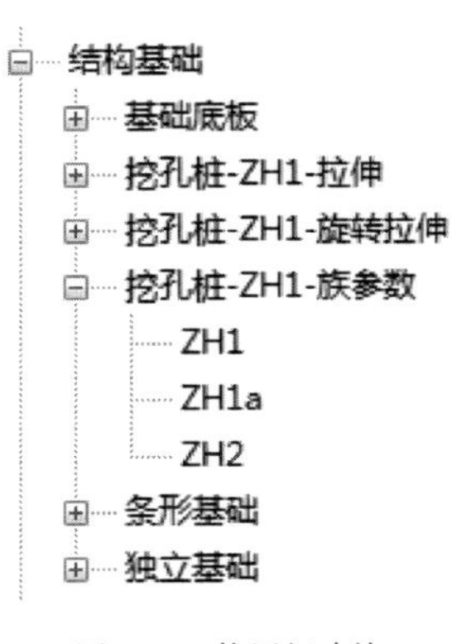

图 4-56　使用新建族

第 5 章　Revit 基本设置

使用 Revit 创建建筑信息模型的过程中，软件本身有一些默认的设置，了解掌握并熟练应用这些基本设置，有利于提高模型创建效率和准确性。本章针对模型创建过程中需要应用的一些常规设置进行简单介绍，旨在帮助读者对 Revit 软件有更为深入的了解，为后期熟练应用奠定基础。

5.1　文件格式及位置

5.1.1　文件格式

BIM 技术不只是创建一个三维模型，其更深层次的应用是将模型作为载体，承载各种项目数据，应用于建筑工程的各个阶段。在数据传输过程中，了解各个软件的数据格式和其兼容性极为重要。

Revit 的数据文件主要有四种格式：

“.rvt”是 Revit 项目文件格式；

“.rfa”是 Revit 族文件格式；

“.rft”是 Revit 族样板文件格式；

“.rte”是 Revit 项目样板文件格式。

在 Revit 的使用过程中，每一种格式的文件都有着极其重要的作用。在模型创建开始之前，设定好各种文件的默认位置，有利于使用者快速定位到相应的文件位置，提高模型创建效率。

在 Revit 软件安装完成以后，文件会在系统盘自动生成相应的文件库。对 Windows 系统而言，一般情况下，其路径为“C:\ProgramData\Autodesk\RVT 2016”。

在“RVT 2016”文件下，“Libraries”文件夹中“China”文件夹内置软件自带可载入族分类文件夹，其中包含了房屋建筑一般使用情况下的几乎所有构件类别的常规族，如结构的梁、柱、基础，建筑的门、窗、柱等，如图 5-1 所示。

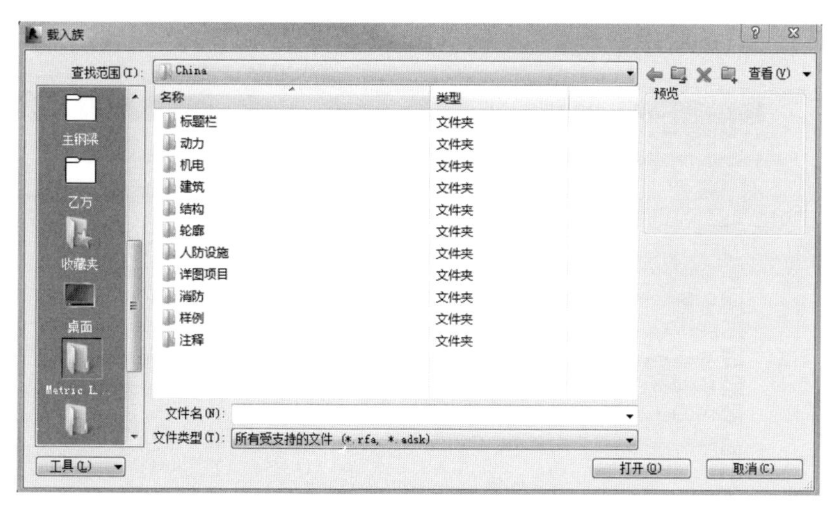

图 5-1　族库文件夹

在“RVT 2016”文件下，“Family Templates”文件夹为 Revit 族样板文件夹，其内包含 Autodesk 公司根据不同国家的语言准备的族样板，如图 5-2 所示。

本地磁盘 (C:) ▸ ProgramData ▸ Autodesk ▸ RVT 2016 ▸ Family Templates

共享 ▾　新建文件夹

名称	修改日期	类型
Chinese	2017/6/12 21:19	文件夹
Czech	2017/6/12 21:19	文件夹
English	2017/6/12 21:19	文件夹
English_I	2017/6/12 21:19	文件夹
French	2017/6/12 21:19	文件夹
German	2017/6/12 21:19	文件夹
Italian	2017/6/12 21:19	文件夹
Japanese	2017/6/12 21:19	文件夹
Korean	2017/6/12 21:19	文件夹
Polish	2017/6/12 21:19	文件夹
Portuguese	2017/6/12 21:19	文件夹
Russian	2017/6/12 21:19	文件夹
Spanish	2017/6/12 21:19	文件夹
Traditional Chinese	2017/6/12 21:19	文件夹

图 5-2　族样板文件夹

在“RVT 2016”文件下，“Templates”文件夹中“China”文件夹内为软件自带项目样板文件。软件一共自带了“构造样板”“建筑样板”“结构样板”“机械样板”等几种主要项目样板。选择不同的样板,对于模型的创建有不同的影响,故而在样板选择的时候需要谨慎对待,如图 5-3 所示。

本地磁盘 (C:) ▸ ProgramData ▸ Autodesk ▸ RVT 2016 ▸ Templates ▸ China

共享 ▾ 新建文件夹

名称	修改日期	类型
Construction-DefaultCHSCHS.rte	2015/3/3 14:42	Revit Template
DefaultCHSCHS.rte	2015/3/3 14:43	Revit Template
Electrical-DefaultCHSCHS.rte	2015/3/2 20:57	Revit Template
Mechanical-DefaultCHSCHS.rte	2015/3/2 20:58	Revit Template
Plumbing-DefaultCHSCHS.rte	2015/3/2 20:58	Revit Template
Structural Analysis-DefaultCHNCHS.rte	2015/3/2 21:08	Revit Template
Systems-DefaultCHSCHS.rte	2015/3/6 11:29	Revit Template

图 5-3　项目样板文件

在 Revit 安装的过程中,由于各种原因,可能会出现“RVT 2016”文件夹下各种软件自带的文件丢失或损坏的情况,导致 Revit 打开后在一定程度上不能正常使用。此时,可以从另外一台 Revit 软件安装使用正常的电脑上将“RVT 2016”文件夹拷贝到问题位置并覆盖出现问题的文件夹,然后关闭 Revit 软件并重新启动,即可正常运行。或者,从网上下载相应的“RVT 2016”文件夹,同样可以修复。

5.1.2　文件位置的基本设置

对于上述各类 Revit 文件,读者可以根据自己的需要创建属于自己的样板或者文件库。例如在第 4 章“参数化建族”一节中所绘制的人工挖空桩基础,软件本身并不具有这种族文件。通过参数化建族,让这样的一个族成为一个可以在多个项目中使用的构件,只需要根据实际情况更改尺寸即可。因此,通过在实际项目建模过程中,创建大量这样的族文件,将它们保存起来,形成一个族文件库,可以方便在后续的工作中使用。

在 Revit 项目中,通过“载入族”的方式打开的文件路径如图 5-1 所示。为了节省工作时间,可以在建模之前,对软件默认的样板和族文件读取路径进行设置。

首先点击图 5-4 所示“选项”,然后选中“选项”对话框中的“文件位置”按钮,如图 5-5 所示。

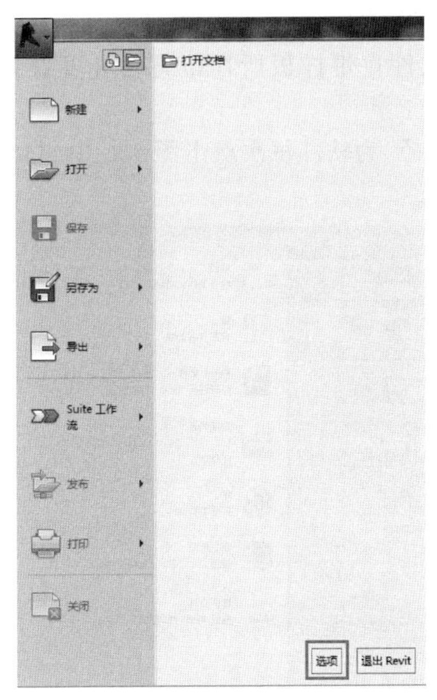

图 5-4　选项

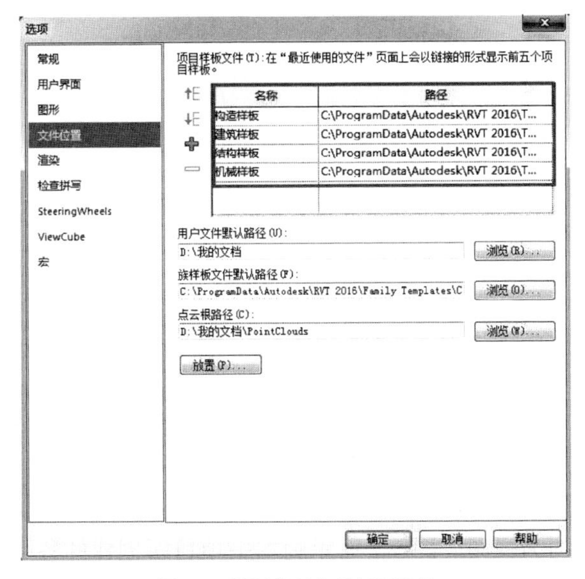

图 5-5　设置样板文件打开路径

图 5-5 中线框所处位置为样板文件路径。例如，选中“建筑样板”后点击左边绿色的“＋”号，即可设定“建筑样板”的默认打开路径。图片中所设定的文件位置为软件默认，是软件自带样板所在位置。可以看到，其位置与前文所述一致。

“用户文件默认路径”为软件每次点击图 5-6 中“打开”按钮后默认的第一次打开文件的位置。

图 5-6　打开菜单

对于文件位置的设置，有利于在创建模型过程中，快捷方便地打开和保存文件，提高绘图效率。

5.2　视图的基本设置

视图是 Revit 模型创建过程中需要经常使用到的一个功能。

“项目浏览器”中“视图”一栏下有诸多视图选项，例如前述模型创建章节中涉及的平面视图“1F 0.000”“2F 3.600”，立面视图“东”“西”，族创建过程中的“参照标高”等，均为视图。图 5-7 所示为本书项目所创建的各个视图。

每一个视图就是一个工作平面（三维视图除外，但三维视图也是一个视图),是模型创建过程中对元素进行操作的平面。在Revit软件中,视图与其他建模构件一样,都具有属性,并且每一个视图都具有与其他视图不同的属性。因此,对视图属性进行修改意味着对一个视图属性进行了修改以后,其他视图的属性不会变化。读者只有在深刻把握了视图的这些特点,才能对模型的创建和使用达到游刃有余的效果。本书仅对视图属性中常用的三种属性进行讲解,视图属性的其他内容,读者可自行研究。

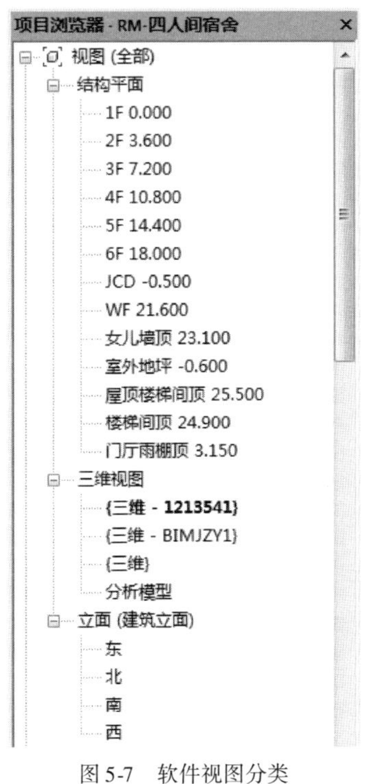

图5-7 软件视图分类

常用的三种视图属性包含:规程、视图可见性和视图范围。

5.2.1 规程

规程是Revit软件默认对项目专业进行分类的一个标准。不同的规程,有着不同的视图可见性和图形显示方式。例如,若使用“结构”规程,则在此项目中创建文件时,结构专业的构件将显示,非结构专业的专业构件将不显示。初次启动软件并通过“结构样板”创建项目,此时,软件默认的规程为“结构”。如果在该项目中创建建筑墙体构件,会弹出图5-8所示的警告。

此时,将视图属性栏中“规程”后面的“结构”更改为“协调”即可,如图5-9所示。

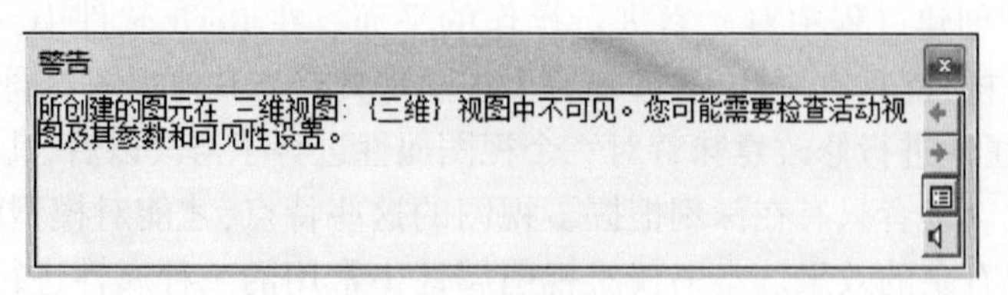

图 5-8　可见性警告

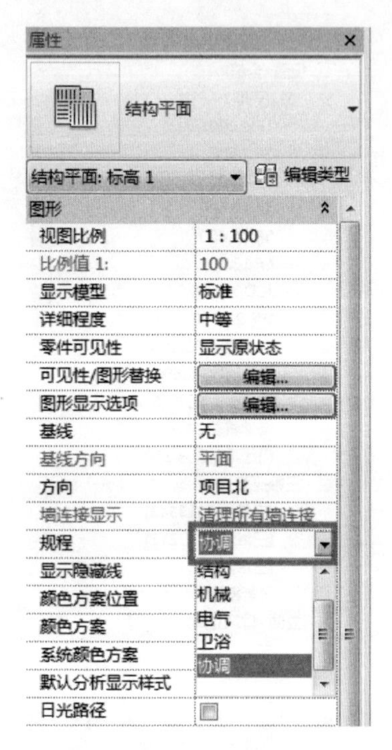

图 5-9　修改视图规程

注意，上面的描述中有三个关键点需要把握：

(1) 使用"结构样板"新建的项目，项目中所有的视图，其规程都为"结构"。

(2) 示例中仅将"三维视图"的视图规程修改为"协调"，如果切换到其他楼层，其规程依旧为"结构"，若需要显示建筑墙体，依然要修改其视图规程为"协调"。

(3) "协调"规程下，所有专业的专业构件均可显示。

5.2.2　视图可见性

视图可见性与规程具有一定的关联性，主要是控制哪些元素在当前视图中显示。规程控制的是样板文件的属性,可见性是其属性的一个方面。例如,在上述创建的墙体上任意创建一扇窗,在弹出图 5-9 所示的对话框的同时,墙体上只能看到一个窗洞,无法看到完整的窗,如图 5-10 所示。

解决的办法是点击三维视图的视图属性栏中的"可见性→图形转换"后面的"编辑",如图 5-11 所示。

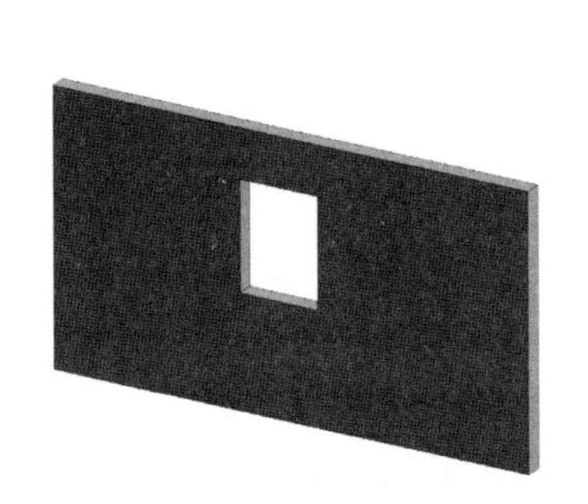

图 5-10　可见性演示

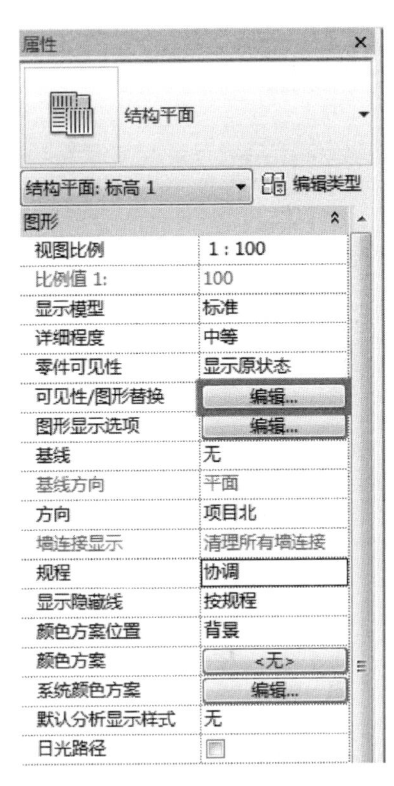

图 5-11　可见性调整命令

进入三维视图的可见性对话框,如图 5-12 所示。

可以看到,在此时的三维视图中,除了属于结构的构件(如梁、板、柱等)可以看见外,其他专业的构件(如建筑的门、窗等)均不可见。将可见性对话框下拉列表中"窗"前的白框打上对勾,点击"确定",则三维视图中创建的窗可见,如图 5-13 所示。

再将视图切换到"标高 1",从结构平面图的属性栏中可以观察到,之前在三维视图中对视图属性所做的修改,对"标高 1"的视图属性没有影响。因此在"标高 1"中,依旧会遇到上述问题,采用相同的操作方法进行修改即可。

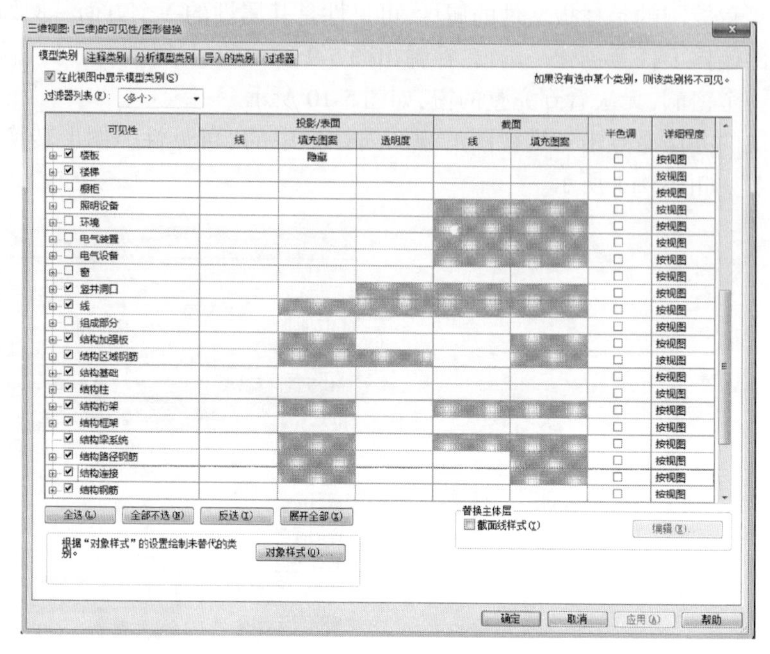

图 5-12　可见性内容菜单

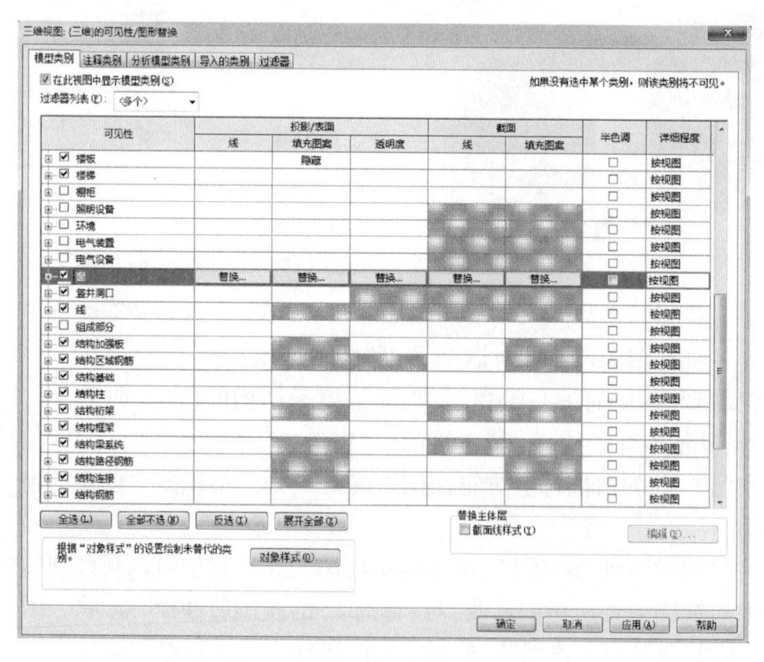

图 5-13　修改可见性

5.2.3　视图范围

视图范围的概念主要应用于平面视图当中，包括项目平面视图和族平面视图。视图范围主要是控制哪些高度范围的内容显示在当前视图中。

上述创建的墙体及门窗使用的是新建项目以后项目中自带的两个标高："标高1"和"标高2"，层高4000mm。上述可见性过程中，在"标高1"中任意创建的一扇窗，即使按照上述操作过程完成了属性设定，依旧无法观察到窗户。此时，可以点击属性栏中"视图范围"后的编辑选项卡，如图5-14所示。

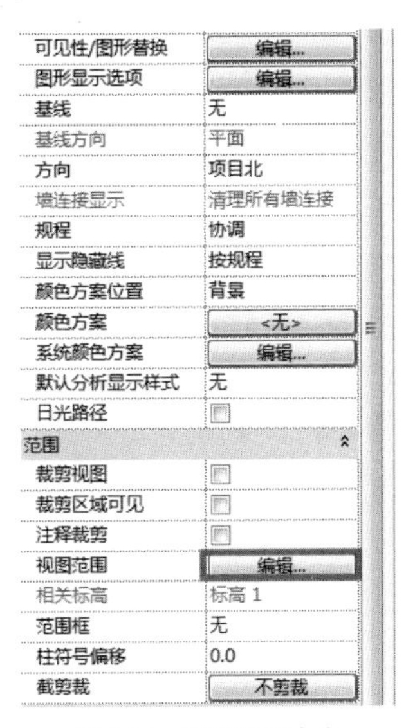

图5-14　视图范围命令

在弹出的"视图范围"选项卡中，将"剖切面"后面的数字改为"1200"，将"顶(T)"后面的数字改为"3600"，如图5-15所示。

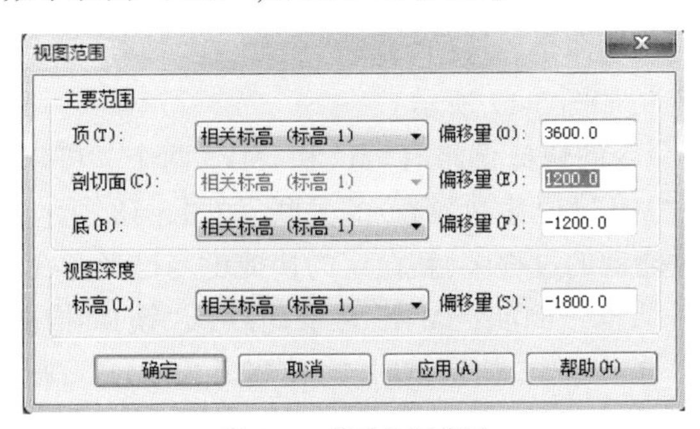

图5-15　修改视图范围

平面视图是假定人眼从上往下俯视建筑所形成的图形。当处于某一层标高时,“视图范围”对话框中的“剖切面(C)”即相当于人眼相对于当前楼层所在的位置,而“视图深度”相当于人眼从上往下可以看到的极限深度范围。平面视图显示的即为这个范围所能观察到的内容。上述窗户在更改视图范围之前无法在“标高 1”被观察到,是因为“剖切面”仅相对于当前楼层“300”,而窗台高度为相对于当前楼层“900”,人眼处于窗台以下,因此无法看到窗户的平面视图。

读者可以在使用视图范围的过程中,多做尝试,从而了解 Revit 中剖面框的概念,进而可以灵活地运用视图范围来进行视线的调整。

5.3 快捷键的设置

使用软件进行项目工程创建时,采用快捷键可以大大提升模型创建效率,减少工作强度。Revit 软件与 AutoCAD 软件一样,操作时可以使用快捷键。例如,“移动”命令的快捷键为“MV”,“复制”命令的快捷键为“CO”,“隐藏图元”命令的快捷键为“HH”等。由于 Revit 本身功能繁多,因此快捷键数量庞大,不容易全部记住。另外,由于很多命令首字母会重复,导致其快捷键多为组合键,对于用惯了 AutoCAD 的用户来说,并不适用。此时,用户可以通过自定义快捷键的方式来解决这个问题。

以“移动”命令为例,将其快捷键“MV”自定义更改为“M”,具体操作如下:

首先点击开始栏中的“选项”,进入选项对话框,切换到“用户界面”,点击“快捷键”后的“自定义”,进入快捷键自定义对话框,如图 5-16 所示。

在“快捷键”对话框下,“搜索”一栏后面输入“移动”,此时“指定(N)”一栏下将出现搜索到的移动命令。选中“移动”命令,在“按新键”后的对话栏中输入“M”,并点击“指定”,如图 5-17 所示。

此时,“移动”命令的快捷键将有“M”和“MV”两个。可以选中“MV”,点击“删除”,即可解除“MV”与“移动”命令的关联,如图 5-18 所示。

倘若在设定快捷键的过程中,新设定的快捷键与已经存在的快捷键冲突,软件将会弹出提示对话框。例如,“MM”为系统默认“镜像-拾取轴”命令的快捷键,如果在自定义“移动”命令快捷键时,将其定义为“MM”,则会弹出图 5-19 所示对话框。读者可以根据自己的习惯自行更改。

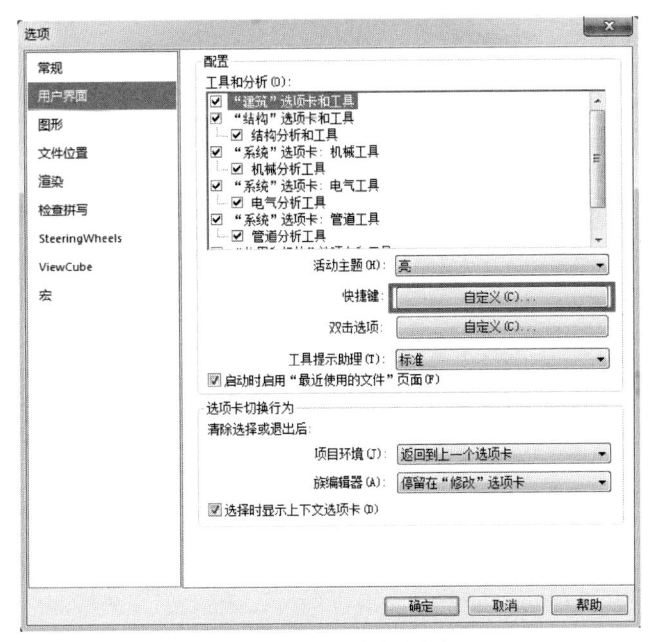

图 5-16　自定义快捷键命令

图 5-17　自定义快捷键

图 5-18　删除快捷键

图 5-19　快捷键重复警告

本章对 Revit 软件的一些常用基本设置进行了简单描述。在使用 Revit 创建三维建筑模型的过程中,对于软件的基本设定,是提高模型创建效率的重要方式之一。Revit 软件功能强大,命令繁多,本书篇幅有限,仅能做出一些粗略的介绍,读者可以在使用过程中结合自己的习惯多加尝试,熟练应用。